出版说明

一、系列教材背景

人类已经进入智能时代，云计算、大数据、物联网、人工智能、机器人、量子计算等是这个时代最重要的技术热点。为了适应和满足时代发展对人才培养的需要，2017 年 2 月以来，教育部积极推进新工科建设，先后形成了"复旦共识""天大行动""北京指南"，并发布了《教育部高等教育司关于开展新工科研究与实践的通知》《教育部办公厅关于推荐新工科研究与实践项目的通知》，全力探索形成领跑全球工程教育的中国模式、中国经验，助力高等教育强国建设。新工科有两个内涵：一是新的工科专业；二是传统工科专业的新需求。新工科建设将促进一批新专业的发展，这批新专业有的是依托于现有计算机类专业派生、扩展而成的，有的是多个专业有机整合而成的。由计算机类专业派生、扩展形成的新工科专业有计算机科学与技术、软件工程、网络工程、物联网工程、信息管理与信息系统、数据科学与大数据技术等。由计算机类学科交叉融合形成的新工科专业有网络空间安全、人工智能、机器人工程、数字媒体技术、智能科学与技术等。

在新工科建设的"九个一批"中，明确提出"建设一批体现产业和技术最新发展的新课程""建设一批产业急需的新兴工科专业"。新课程和新专业的持续建设，都需要以适应新工科教育的教材作为支撑。由于各个专业之间的课程相互交叉，但是又不能相互包含，所以在选题方向上，既考虑由计算机类专业派生、扩展形成的新工科专业的选题，又考虑由计算机类专业交叉融合形成的新工科专业的选题，特别是网络空间安全专业、智能科学与技术专业的选题。基于此，清华大学出版社计划出版"面向新工科专业建设计算机系列教材"。

二、教材定位

教材使用对象为"211 工程"高校或同等水平及以上高校计算机类

专业及相关专业学生。

三、教材编写原则

(1) 借鉴 *Computer Science Curricula* 2013 (以下简称 CS2013)。CS2013 的核心知识领域包括算法与复杂度、体系结构与组织、计算科学、离散结构、图形学与可视化、人机交互、信息保障与安全、信息管理、智能系统、网络与通信、操作系统、基于平台的开发、并行与分布式计算、程序设计语言、软件开发基础、软件工程、系统基础、社会问题与专业实践等内容。

(2) 处理好理论与技能培养的关系，注重理论与实践相结合，加强对学生思维方式的训练和计算思维的培养。计算机专业学生能力的培养特别强调理论学习、计算思维培养和实践训练。本系列教材以"重视理论，加强计算思维培养，突出案例和实践应用"为主要目标。

(3) 为便于教学，在纸质教材的基础上，融合多种形式的教学辅助材料。每本教材可以有主教材、教师用书、习题解答、实验指导等。特别是在数字资源建设方面，可以结合当前出版融合的趋势，做好立体化教材建设，可考虑加上微课、微视频、二维码、MOOC 等扩展资源。

四、教材特点

1. 满足新工科专业建设的需要

系列教材涵盖计算机科学与技术、软件工程、物联网工程、数据科学与大数据技术、网络空间安全、人工智能等专业的课程。

2. 案例体现传统工科专业的新需求

编写时，以案例驱动，任务引导，特别是有一些新应用场景的案例。

3. 循序渐进，内容全面

讲解基础知识和实用案例时，由简单到复杂，循序渐进，系统讲解。

4. 资源丰富，立体化建设

除了教学课件外，还可以提供教学大纲、教学计划、微视频等扩展资源，以方便教学。

五、优先出版

1. 精品课程配套教材

主要包括国家级或省级的精品课程和精品资源共享课的配套教材。

面向新工科专业建设计算机系列教材

Python 程序设计基础
程序设计三步法
（微课版）

乔海燕　周晓聪 / 编著

算法 GCD(m, n)

输入：m 和 n 是两个正整数
输出：m 和 n 的最大公约数
　$r \leftarrow m \% n$
while $r \neq 0$ **do**
　　$m \leftarrow n$
　　$n \leftarrow r$
　　$r \leftarrow m \% n$
end while
输出 n

```
def GCD(m, n):
    r = m % n
    while r != 0:
        m = n
        n = r
        r = m % n
    return n
```

清华大学出版社
北京

内容简介

本书利用 Python 程序设计语言介绍程序设计基础知识。全书共 9 章。第 1 章介绍算法和数据的概念以及算法的伪代码表示。第 2 章介绍 Python 的常用数据类型。第 3 章介绍 Python 的程序结构和各种语句。第 4 章介绍自定义函数。第 5 章介绍程序的调试与测试。第 6 章介绍递归函数。第 7 章介绍文件和异常处理。第 8 章介绍算法的性能。第 9 章介绍常用数据处理包。

本书面向程序设计初学者，可作为大中专院校非计算机专业程序设计入门课程教材，也可作为程序设计爱好者的自学教材。

图书在版编目（CIP）数据

Python 程序设计基础：程序设计三步法：微课版/乔海燕，周晓聪编著. —北京：清华大学出版社，2021.11
面向新工科专业建设计算机系列教材
ISBN 978-7-302-59255-6

Ⅰ．①P…　Ⅱ．①乔…　②周…　Ⅲ．①软件工具-程序设计-高等学校-教材　Ⅳ．①TP311.561

中国版本图书馆 CIP 数据核字(2021)第 192576 号

责任编辑：白立军　战晓雷
封面设计：刘　乾
责任校对：胡伟民
责任印制：曹婉颖

出版发行：清华大学出版社
　　　　网　　　址：http://www.tup.com.cn，http://www.wqbook.com
　　　　地　　　址：北京清华大学学研大厦 A 座　　　　邮　　编：100084
　　　　社 总 机：010-62770175　　　　　　　　　　　邮　　购：010-83470235
　　　　投稿与读者服务：010-62776969，c-service@tup.tsinghua.edu.cn
　　　　质 量 反 馈：010-62772015，zhiliang@tup.tsinghua.edu.cn
　　　　课 件 下 载：http://www.tup.com.cn，010-83470236 转 4506
印 装 者：三河市铭诚印务有限公司
经　　销：全国新华书店
开　　本：185mm×260mm　　　印　张：12　　　字　数：305 千字
版　　次：2021 年 12 月第 1 版　　　　　　　印　次：2021 年 12 月第 1 次印刷
定　　价：39.80 元

产品编号：088680-01

2. 传统优秀改版教材

对于已经出版、得到市场认可的优秀教材，由于新技术的发展，计划给图书配上新的教学形式、教学资源的改版教材。

3. 前沿技术与热点教材

反映计算机前沿和当前热点的相关教材，例如云计算、大数据、人工智能、物联网、网络空间安全等方面的教材。

六、联系方式

联系人：白立军
联系电话：010-83470179
联系和投稿邮箱：bailj@tup.tsinghua.edu.cn

"面向新工科专业建设计算机系列教材"编委会

2019 年 6 月

计算机科学与技术专业核心教材体系建设——建议使用时间

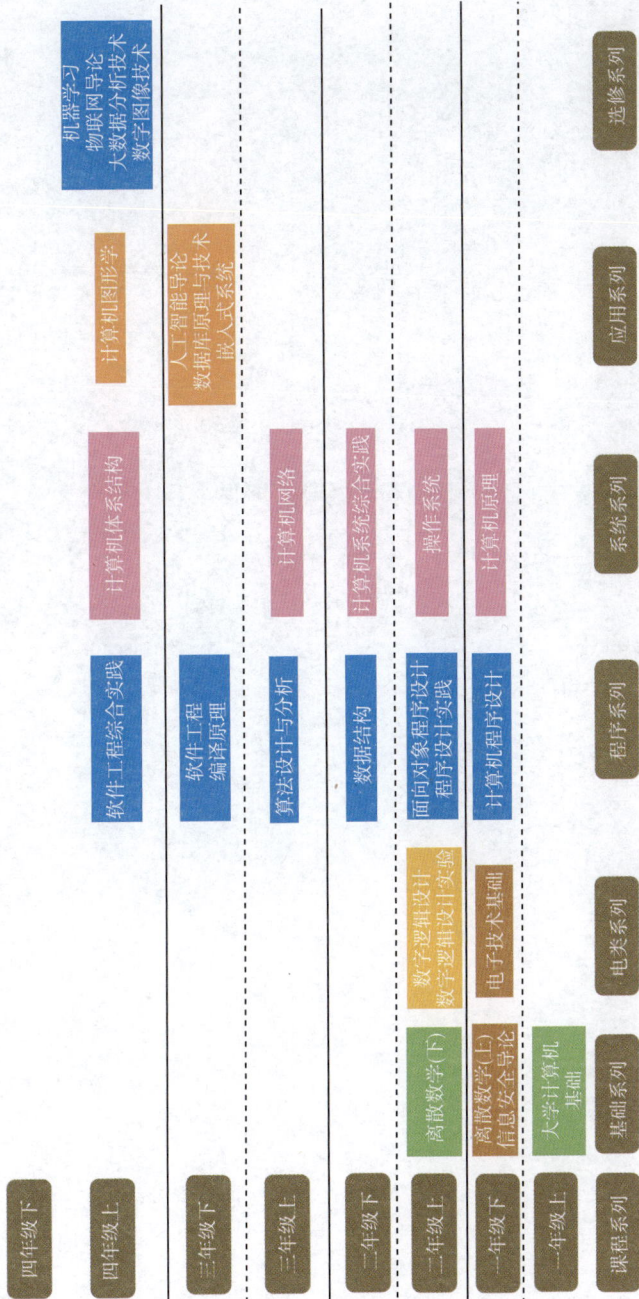

时间（年级）： 一年级上 | 一年级下 | 二年级上 | 二年级下 | 三年级上 | 三年级下 | 四年级上 | 四年级下

课程系列： 基础系列 | 电类系列 | 程序系列 | 系统系列 | 应用系列 | 选修系列

课程系列	基础系列	电类系列	程序系列	系统系列	应用系列	选修系列
一年级上	大学计算机基础	电子技术基础	计算机程序设计	计算机原理	信息安全导论	
一年级下		数字逻辑设计 / 数字逻辑设计实验	面向对象程序设计 / 程序设计实践	操作系统		
二年级上				计算机系统综合实践	人工智能导论 / 数据库原理与技术 / 嵌入式系统	
二年级下			数据结构	计算机网络		
三年级上			算法设计与分析			
三年级下			软件工程 / 编译原理	计算机体系结构	计算机图形学	
四年级上			软件工程综合实践			
四年级下						机器学习 / 物联网导论 / 大数据分析技术 / 数字图像技术

离散数学(上)、离散数学(下)

FOREWORD
前言

　　初学程序设计的人往往会觉得学习程序设计具有一定的挑战性，部分原因可能在于学习程序设计的方法不得当。做任何事都有一定的方法，如果遵循一定的方法，事情做起来就容易得多，否则会增加完成任务的困难，或者根本进行不下去。学习编写程序也一样。

　　编写程序是要让计算机帮助人们完成一定的任务。进行程序设计需要遵循一定的步骤：首先，确定解决一个特定计算任务的思想方法；其次，确定如何将这种方法分解为一系列执行步骤，也就是设计算法；最后，用某种程序设计语言将算法转换成计算机能够执行的代码，即编码。我们不妨把这种程序设计方法称为三步法，其中前两步最关键，最后一步相对简单。因此，作者认为，学习程序设计应该把重点放在如何描述解决问题的方法上，特别是用算法的形式表述出来，而不是放在程序设计语言上。

　　著名计算机科学家沃斯曾提出："算法 + 数据结构 = 程序"。算法的功能是将输入数据转化为输出数据。设计算法时首先需要明确输入数据和输出数据各是什么以及如何表示，然后设计实现输入数据到输出数据转换的一系列步骤。所以，结合程序设计语言，熟悉各种数据的表示和基本操作，掌握数据的组织方法，对于设计算法也尤为重要。在此基础上，初学者如能遵循三步法，编写程序便不难了。

　　本书的特点在于采用三步法讲解程序设计，关注重点在数据结构和算法，掌握了这两者，便基本掌握了程序设计。

　　近几年来，Python 凭借简单易学以及使用广泛的特点成为许多高校非计算机专业程序设计入门课程的首选语言。为此，本书选择利用 Python 程序设计语言介绍程序设计，全书涵盖了程序设计基本知识。第 1 章介绍算法和数据的概念以及算法的伪代码表示；第 2 章介绍 Python 提供的常用数据类型，包括特定类型数据的表示和基本操作；第 3 章介绍 Python 的程序结构和各种语句；第 4 章介绍自定义函数；第 5 章介绍程序的调试与测试；第 6 章介绍递归函数；第 7 章介绍文件和异常处理；第 8 章介绍算法的性能；第 9 章介绍常用数据处理包。

本书讲解计算机程序设计的入门内容，面向初学者，不需要读者具有程序设计基础。本书可作为大中专院校非计算机专业程序设计入门课程教材，也可作为程序设计爱好者的自学教材。

作者在编写本书的过程中得到了清华大学出版社白立军老师的大力协助，在此表示感谢！杨永红老师以及韦媛馨、张钺奇和周宇三位同学阅读了书稿，给出了很好的修改建议，在此一并表示感谢！

限于作者的水平，书中可能有错误和疏漏，敬请读者不吝指正。

作　者

2021 年 4 月于中山大学东校园

CONTENIS
目录

程序设计的概念

1.1 计算机程序设计基本概念

编写计算机程序是为了让计算机帮助人们处理数据或者完成某种计算任务。所以，**计算机程序设计** (computer programming) 是为完成某个计算任务而设计和编写计算机程序的过程。这个过程包括分析问题、设计算法、编写代码、调试和测试等步骤。本章介绍计算机程序设计的有关概念，特别是算法和数据类型的概念。

1.1.1 计算机程序和程序设计语言

汉语"程序"的本意指事情进行的先后次序。**计算机程序** (computer program)，简称程序（program），指能在计算机上运行并完成一个特定任务的一系列指令。

程序中的每个指令都是计算机可以理解、执行的操作。运行一个程序就是让计算机按照指令序列完成指定的一系列操作，从而完成某个计算或者某种数据处理。

编写计算机程序的指令系统或者语言称为**程序设计语言** (programming language)。它是人工设计的、人和计算机都可以理解的语言。现在广为使用的程序设计语言有很多，如通用的程序设计语言 C/C++、Java、Python 和 Haskell 等，以及特定于某个领域的语言如 HTML 和 LaTeX 等。例如，人们经常浏览的网页是用 HTML 编写的，本书是用 LaTeX 撰写的。本书用 Python 讲解程序设计。编写程序就是将计算机解决问题的步骤用程序设计语言表达出来。

1.1.2 算法的概念

在计算机程序设计（简称程序设计）过程中，首先需要在分析问题的基础上，描述如何一步步机械地完成一个计算任务或者数据处理，也就是要先设计算法。

算法 (algorithm) 是解决一个问题所使用方法的描述，这种描述是通过说明如何开始、中间各步如何进行、最后如何结束的指令序列完成

算法的概念

的。算法静态表现为一个指令序列，动态运行时则能完成预定的任务。

一个算法应该具有下列特点：

- 确定性。每个指令对于执行算法的主体（如操作者或计算机）应该是明确定义的、无歧义的。

- 可行性。每个指令对于执行主体应该是可行的。

- 有穷性。按照整个指令序列的说明，执行一个个指令，在有限步后能够执行完所有指令，算法结束。

- 具有输入和输出。输入是算法处理的数据或初始任务，输出是算法结束时的结果数据或者产品。

设计好算法后，再用某种程序设计语言实现这个算法，也就是将算法转换成计算机可以理解的指令序列，即程序。这个过程称为**编写代码** (coding)，简称编码或者编程[①]。

算法设计是程序设计最关键的一步。编码只是程序设计中的一个阶段。对于程序设计的建议是：先设计好算法，尽量延后编码。

1. 菜谱是算法

实际上，我们的日常生活中也充满了算法。例如，一个菜谱可以称得上一个算法。

菜谱"西红柿炒鸡蛋"的输入是食材："鸡蛋 3 个，西红柿 150 克，植物油 3 汤匙，盐适量，糖 1 汤匙。"输出是可以出锅的西红柿炒鸡蛋 (见图 1.1[②])。

制作西红柿炒蛋的步骤如下[③]：

（1）将西红柿洗净后用沸水烫一下，去皮、去蒂，切片待用。

（2）将鸡蛋打入碗中，加盐，用筷子充分搅打均匀待用。

（3）炒锅放油 3 汤匙烧热，将鸡蛋放入锅中炒熟，盛出待用。

（4）将剩余的油烧热，下西红柿片煸炒，放盐、糖炒片刻，倒入鸡蛋翻炒几下，出锅即成。

(a) 输入：西红柿和鸡蛋　　　　　　(b) 输出：西红柿炒鸡蛋

图 1.1　菜谱"西红柿炒鸡蛋算法"的输入和输出

[①] 编程有时是程序设计的简称，有时指编码。
[②] 图片来自"下厨房"App。
[③] 制作步骤来自"心食谱"网站。

算法的任务是：从输入开始，按照指令一步一步进行计算或者处理，最后得到输出。如果一个菜谱写得好，那么任何人都可以按照菜谱做出一道佳肴。

需要说明的是，以上菜谱中虽然出现了一些模糊的、不确定的术语，如"充分搅打均匀"和"翻炒几下"，但是这个算法对于执行主体——人类是可行的。如果执行的主体是机器，那么指令中的这些术语要进一步明确，例如"搅打 20 次"和"翻炒 10 下"，使得这些指令对机器是可行的。

2. 产品使用说明是算法

许多产品的使用说明也可以称为算法。

对于 Python 程序设计的初学者，使用 Python 解释器编辑运行程序可以遵循一系列步骤进行。使用 Windows 系统的用户可以按照下列步骤编写和运行 Python 程序：

（1）启动计算机，在桌面左下角单击"所有应用（程序）"。

（2）选择 Python IDLE，此时系统弹出 Python 解释器窗口［又称壳（Shell）］。

（3）单击解释器窗口顶部的 File，选择 New File 命令，系统弹出编辑器窗口。

（4）在编辑器中编辑程序。

（5）单击编辑器窗口顶部的 File，选择 Save 命令，文件要以 .py 为扩展名。

（6）单击编辑器窗口顶部的 Run，选择 Run Module 命令，Python 解释器开始运行程序。

（7）如果运行结果正确，则转（8）结束；如果运行出现问题，或者结果不正确，返回（4）修改程序。

（8）结束。

以上"打开 Python 解释器并编辑运行程序"的算法对任何人都是明确定义的，任何人都可以遵照这些步骤完成相关任务。

设计算法时，需要明确算法的执行主体具有什么样的能力，能够完成哪些基本操作，然后基于这些知识和任务领域的知识，设计完成任务的机械步骤。

3. 一个计算机画图的简单算法

任务：设计一个算法，让计算机用画笔画一个正方形。

【分析】　对于人来说，无须说明步骤即可完成这个任务。当然，细心的读者可能会问正方形的边长是多少、方位如何、边的宽度颜色，等等。所以，这里涉及对任务的细致分析。假设任务就是"简单地画出一个正方形"即可。如果要让计算机来完成，那么需要知道计算机的能力，它能执行哪些基本操作。我们的任务是给出计算机执行的操作序列。

【算法】　假如计算机能够完成的简单操作是：沿着当前方向向前画指定长度的直线，向左（逆时针）转指定角度。这里假定画笔总是有一个方向。那么让计算机画出一个简单正方形的步骤如下：

（1）向前画直线 100 像素。

（2）左转 90°。

（3）向前画直线 100 像素。

（4）左转 90°。

（5）向前画直线 100 像素。

（6）左转 90°。

（7）向前画直线 100 像素。

【代码】 稍后将介绍 Python 附带的 turtle 模块提供的本算法需要的基本指令，因此可以方便地将以上算法转换成一个 Python 程序：

```
import turtle
turtle.forward(100)        # 向前画直线，长度100像素
turtle.left(90)            # 逆时针转90°
turtle.forward(100)
turtle.left(90)
turtle.forward(100)
turtle.left(90)
turtle.forward(100)
```

其中，第一个命令 import turtle 表示导入（import）作图模块 turtle；余下 7 行命令分别对应算法中的 7 个步骤；符号 # 后面是命令的解释，也就是 Python 的注释。

1.1.3 算法的伪代码和算法设计

算法设计是程序设计的关键步骤。如果算法写得好，那么将其转换为用程序设计语言表述的程序就比较简单。算法可以如 1.1.2 节例子那样用自然语言描述，也可以用程序设计语言描述。但是，自然语言常常包含有歧义的句子，不够准确；而程序设计语言虽然足够精确，但是不便于人类阅读和理解，因此，人们常用介于自然语言和程序设计语言之间的**伪代码** (pseudocode) 描述算法。

算法设计
例子

例 1.1 设计在一个整数非空序列中找出最大值的算法。

【分析】 这里输入是任意一个整数序列，输出是其中的最大值。例如，如果输入是序列 [2,3,1,5,2]，那么输出是 5。设计该算法也涉及计算机能完成的基本操作。假定计算机能够进行的操作如下：

（1）用一个符号记录一个值。

（2）查看序列的每个值。

（3）比较两个值的大小。

求最大值的方法是顺序查看序列的每个元素，并总是记录查看过的元素中的最大值。

【方法】 首先用自然语言描述解决该问题的方法如下：

（1）用 m 记录最大值。开始时令 m 记录序列的第一个元素。

（2）顺序查看序列余下的每一个元素 x，如果 $x > m$，则令 m 记录 x。

（3）查看完所有元素后，m 就是该序列中的最大值。

以上方法的（2）和（3）仍然需要进一步细化。

假定输入整数序列为 $[a_0, a_1, \cdots, a_n]$。进一步将以上方法细化如下：

（1）用 m 记录最大值。开始时令 m 记录序列的第一个元素 a_0。

（2）查看下一个元素 a_1，如果 $a_1 > m$，则令 m 记录 a_1。

……

（$n+1$）查看最后一个元素 a_n，如果 $a_n > m$，则令 m 记录 a_n。

（$n+2$）输出最大值 m。

这里的 n 可以是任意非负整数，因此方法描述中使用了省略号。但是，这样的省略号只适于人阅读，不适于机器理解。算法描述中的每条指令都必须是确定的，而且只能由有限条指令构成。对于这种表示"类似地重复"的命令序列，需要借助循环控制结构来描述。所谓控制结构就是"如果某个条件成立，则进行某个操作"（分支结构）以及"重复某个操作一定次数"（循环结构）等描述方式。实际上，以上描述中已经使用了分支结构。

【算法】 可以将以上方法中"查看序列中每个元素的指令"的操作用循环结构表示。

（1）用 m 记录最大值。开始时令 m 记录序列的第一个元素 a_0。

（2）令 i 依次取 $1 \sim n$，如果 $a_i > m$，则令 m 记录 a_i。

（3）输出最大值 m。

其中（2）就是一种常用的循环结构。用伪代码描述的求最大值算法见算法 1.1。

算法 1.1 $\text{MAX}(L)$

输入： $L = [a_0, a_1, \cdots, a_n]$ 是一个整数序列，$n \geqslant 0$
输出： 输出 L 的最大值

1: $m \leftarrow a_0$ {# m 是当前最大值}
　　{# 用 m 与每个 a_i 比较，用 m 记录当前最大值}
2: **for** $i \leftarrow 1$ **to** n **do**
3: 　　**if** $a_i > m$ **then**
4: 　　　　$m \leftarrow a_i$
5: 输出 m
6: [算法终止（STOP）]

1.1.4 伪代码格式

伪代码是算法的规范描述形式，但是伪代码并没有统一的定义和格式，掌握伪代码需要一定的阅读和实践。以算法 1.1 为例，其中使用了行号以便于解释说明。算法 1.1 中出现了 4 种命令，或称**语句** (statement)：

（1）赋值语句（第 1 行）。用标识符 m 记录 a_0 的值[①]，或称给变量 m 赋值 a_0。

伪代码格式

---

① 在伪代码算法中，也用 $m := a_0$ 表示给变量 m 赋值 a_0。

　　（2）条件语句（第 3、4 行）。它由关键字 **if** 后面的条件（$a_i > m$）和 **then** 后面的分支语句（第 4 行）构成。该语句的语义为：如果 **if** 后面的条件 $a_i > m$ 成立，则执行 **then** 后的第 4 行语句，否则不执行该语句。

　　（3）循环语句（第 2~4 行）。它由循环头（第 2 行）和循环体（第 3~4 行）构成。其语义为重复执行循环体第 3~4 行 n 次；更具体地说，其语义为：给循环变量 i 依次赋值 $1, 2, \cdots, n$，每次赋值后执行一次循环体。

　　（4）输出语句（第 5 行）。将算法的结果 m 输出。

　　算法 1.1 中包括了算法名 MAX，其后紧接一对圆括号，括号内列出算法的输入参数，接下来是算法的输入和输出说明，然后是算法的主体，即算法的步骤。算法在执行完最后一个输出指令后自然结束，所以最后一个"算法终止"（或 STOP）指令可以省略，这里用方括号 [ ] 表示该指令可省略。注意，算法的描述格式中使用了缩进以表达算法的结构：

- 如果两个语句先后执行，则称它们是平行语句，这两个语句要左对齐。如第 1 行的赋值语句、第 2~4 行的循环语句和第 5 行的输出语句是平行语句，左对齐。
- 条件语句中的分支语句要缩进，如第 4 行要缩进。
- 循环语句的循环体要缩进，如循环体第 3、4 行的条件语句要缩进。

　　在算法 1.1 中，符号 {# 和} 之间的内容不是指令，而是对指令或者指令中使用的符号的解释，称为**注释** (comment)。

　　在算法和代码中添加注释的目的是提高算法和代码的可读性，它是一种良好的编程习惯。

　　算法也可以用**流程图** (flow chart) 或者**框图**描述。例如，算法 1.1 对应的流程图见图 1.2。

　　流程图的含义是比较直观的。算法流程图有一个开始标志和一个结束标志，输入和输出用平行四边形框表示，指令用长方形框表示，条件判断用菱形框表示，各个框之间用有向箭头表示执行的顺序。例如，在图 1.2 中，条件 $i > n$ 成立则转去执行"输出 m"，否则检查条件 $a_i > m$ 是否成立。

　　给出算法的伪代码描述是程序设计的关键步骤，因为从伪代码算法可以很方便地转换为任何高级程序设计语言表示的代码。例如，从算法 1.1 转换而来的 Python 程序见 1.1.5 节给出的程序 1.1。

　　算法 1.1 描述了求任意整数序列 L 中最大值的步骤，这里 L 并不是一个具体的序列，因此称为**形式参数** (parameter)，简称形参。可以将算法 1.1 应用于任何具体的整数序列，如 $L_1 = [2,3,1,5,2]$，即将算法中的形式参数 L 用实际输入 L_1 代替，此时 L_1 称为**实际参数** (argument)，简称实参，然后按照算法的指令一步步执行，求出 L_1 的最大值。例如，表 1.1 显示了这个执行过程中变量 i 和 m 的取值，其中第一行表示循环变量 i 的取值，第二行和第三行分别表示第 i 次循环前后 m 的取值。最后一次循环（$i = 4$）后，$m = 5$ 便是算法 1.1 执行的结果。注意，对于这个输入实例，$n = 4$，

$a_0 = 2, a_1 = 3, \cdots, a_4 = 2$。

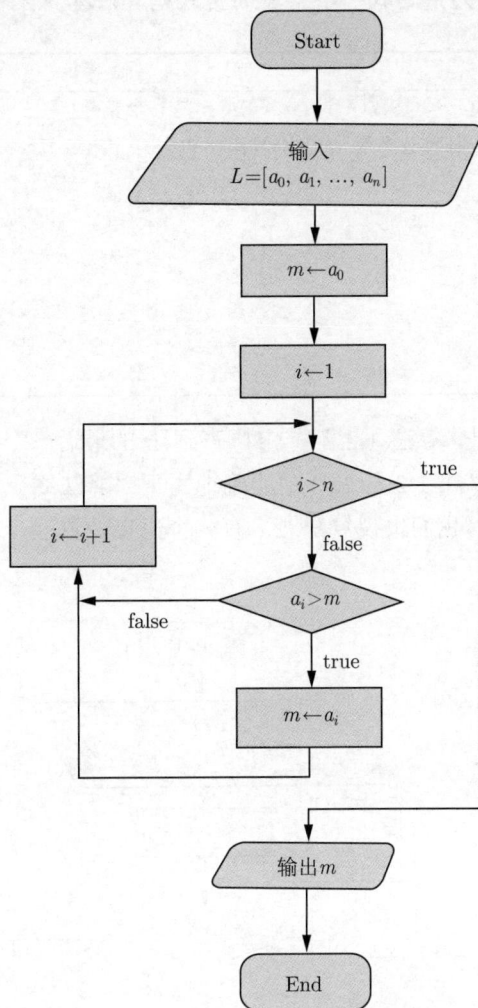

图 1.2　求 L 中最大值的算法流程图

表 1.1　$\mathbf{MAX}(L_1)$ 运行过程中变量 i 和 m 的取值

循环变量 i 的取值	1	2	3	4
第 i 次循环前 m 的取值	2	3	3	5
第 i 次循环后 m 的取值	3	3	5	5

例 1.2　设计一个算法，在给定的一个整数序列 L 中，检查一个整数 x 是否在 L 中出现。如果 x 在 L 中出现，则输出"是"；否则输出"否"。

【分析】　与求序列中最大值的算法 1.1 类似，可以依次检查 L 中的每个元素是否等于 x。如果是，则输出"是"并停止；如果检查过 L 的每个元素，没有任何元素等于 x，则输出"否"。例如，输入 $L = [2, 1, 3]$，$x = 3$，则输出"是"；如果 $x = 5$，则输出"否"。

这里也涉及对输入序列的每个元素进行某种操作，因此也需要使用循环结构表达。

【算法】   在整数序列中查找一个整数的伪代码算法见 1.2。

算法 1.2   Search(L, x)

输入：$L = [a_1, a_2, \cdots, a_n]$ 是一个整数序列，$n \geq 0$；x 是一个整数

输出：如果 x 在 L 中出现，则输出"是"；否则输出"否"

  for $i \leftarrow 1$ **to** n **do**

    if $a_i = x$ **then**

      输出"是"

      算法终止（STOP）

  输出"否"

  [算法终止（STOP）]

与算法 1.1 不同的是，算法 1.2 不一定检查到 L 的最后一个元素才停止，它有多种终止的情况，所以，在算法 1.2 的循环中明确地写下"算法终止"指令。而算法的最后一个终止指令可以省略。我们也说算法 1.1 有一个出口，算法 1.2 有多个出口。算法的流程图见图 1.3。

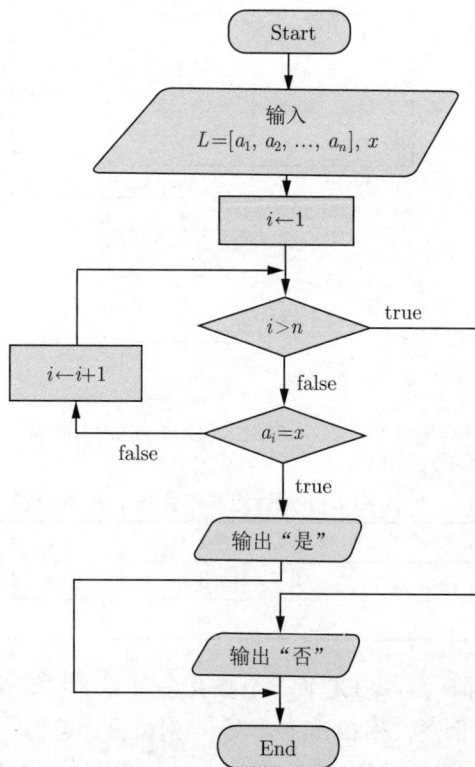

图 1.3   求 x 是否在 L 中出现的算法流程图

在算法 1.1 和算法 1.2 中，主要操作都是一个循环：对输入 L 的每个元素进行某种处理。这种对一个集合中每个元素都进行某种操作的循环称为**遍历**（traversal）。遍历的

伪代码也可以表达为"对集合 L 中的每个元素 x"的形式，如算法 1.3 所示。

算法 1.3　　Search2(L, x)

输入：$L = [a_1, a_2, \cdots, a_n]$ 是一个整数序列，$n \geqslant 0$；x 是一个整数

输出：如果 x 在 L 中出现，则输出"是"；否则输出"否"

　　for L 中的每个 y **do**

　　　if $y = x$ **then**

　　　　　输出"是"

　　　　　算法终止（STOP）

　　输出"否"

　[算法终止（STOP）]

　　例 1.3　　写出求两个数的最大公约数的欧几里得算法。

　　【方法】　　以计算 21 和 15 的最大公约数为例，欧几里得计算方法如下：

　　（1）计算 21 除以 15 的余数，结果是 6。

　　（2）计算 15 除以 6 的余数，结果是 3。

　　（3）计算 6 除以 3 的余数，结果是 0。

　　当余数为 0 时，除数就是原来两个数的最大公约数，因此，这里 gcd(21,15) = 3。

　　要将以上方法写成算法，必须用一系列指令说明对于任意两个正整数 m 和 n，如何求得它们的最大公约数。

　　可以将以上方法叙述如下：

　　（1）用较大的数作被除数，较小的数作除数，求余数。

　　（2）如果余数为 0，则当前除数为两者（m 和 n，下同）的最大公约数，算法结束。

　　（3）否则，用上一个除数作被除数，余数作除数，再求余数。

　　（4）如果余数为 0，则当前除数为两者的最大公约数，算法结束。

　　（5）否则，用上一个除数作被除数，余数作除数，再求余数。

　　（6）如果余数为 0，则当前除数为两者的最大公约数，算法结束。

　　（7）如此这般重复下去……

　　以上的方法描述还不足以称为算法。一个算法的描述应该是有穷个指令的序列。特别是重复动作部分的描写是重点，要用几条指令说明重复什么操作，什么时候停止重复。

　　【算法】　　仔细分析该方法，可以用下列指令序列描述：输入是两个正整数 m 和 n，不妨假定 $m > n$。输出是两者的最大公约数。

　　（1）令 r 表示 m 被 n 除的余数。

　　（2）如果 r 为 0，则输出除数 n。

　　（3）否则，重复下列步骤，直至余数为 0：上一个除数 n 做被除数 m，上一个余数 r 做除数 n，然后求新余数 r。

　　（4）输出上一个除数 n。

　　需要特别注意的是，上面重复使用了 3 个固定的符号 m、n 和 r 表示重复步骤中的被除数、除数和余数。对于有重复步骤的算法设计，这一步是将一个方法用算法形式

描述出来的关键。

进一步将后三步合并，可以写成以下形式：

（1）令 r 表示 m 被 n 除的余数。

（2）重复下列步骤，直至余数 r 为 0：上一个除数 n 做被除数 m，上一个余数 r 做除数 n，然后求新余数 r。

（3）输出上一个除数 n。

进一步可以将以上算法用伪代码表示，见算法 1.4。

算法 1.4　　$\text{GCD}(m, n)$

输入: m 和 n 是两个正整数，$m \geqslant n$

输出: m 和 n 的最大公约数

$\quad r \leftarrow m \% n$

while $r \neq 0$ **do**

$\quad\quad m \leftarrow n$

$\quad\quad n \leftarrow r$

$\quad\quad r \leftarrow m \% n$

$\quad$ 输出 n

算法 1.4 中出现了另一种循环结构——while 循环。当重复的操作次数不确定，但是重复操作的条件已知时，可以使用这种循环结构。

1.1.5　程序设计三步法

伪代码算法设计好后，就可以用一种程序设计语言来表达伪代码算法。这种用程序设计语言书写的算法（或者说实现的算法）就是源程序，也称为 **源代码** (source code)。

例如，用 Python 表达求最大值的算法 1.1 的代码见程序 1.1。其中，算法 1.1 在这里表示函数 MAX(L)，表示对任意列表 L 如何求得最大值，其中，L 称为形式参数。

程序 1.1　求一个序列中的最大值

```python
def MAX(L):
    # m记录当前最大值
    m = L[0]  # m的初值是 L 的第一个元素
    n = len(L)
    for i in range(1, n):
        if L[i] > m:
            m = L[i]
    print(m)


# 给定一个列表L
L1 = [2, 3, 5, 6, 12, 34, 12, 78, 43]
MAX(L1)  # 输出 L 的最大值
```

　　这样的源程序可以在计算机上执行。计算机执行程序通常有两种方式：编译执行和解释执行。按照编译执行方法，一个特殊的编译器程序将源程序一次性编译成目标程序，然后由机器执行目标程序；解释执行则由一个特殊的解释器程序将高级语言程序的语句逐个翻译成机器指令并执行，因此解释执行速度较慢。例如，C/C++ 采用编译执行方式，Python 采用解释执行方式。

　　对于一个确定的列表，如 L1=[2, 3, 5, 6, 12, 34, 12, 78, 43]，通过调用函数 MAX(L1)（如程序 1.1 最后一行所示）执行算法，求得 L1 的最大值，这里 L1 称为实际参数。

　　再如，求最大公约数的算法 1.4 用 Python 表示见程序 1.2。其中最后 3 行表示对于具体的输入 m=21，n=15，调用 GCD(m,n) 执行算法，求得 21 和 15 的最大公因子。

程序 1.2　　用欧几里得算法求最大公约数

```
def GCD(m, n):
  r = m % n
  while r != 0 :
    m = n
    n = r
    r = m % n
  print(n)
m = 21
n = 15
GCD(m,n) # 打印 21 和 15 的最大公因子
```

　　比较以上两个例子的伪代码算法和 Python 源代码，可以看出，伪代码和高级语言源代码很接近，换句话说，将算法的伪代码转换为计算机程序源代码相对容易。因此，首先写出伪代码算法是关键。将编写源代码放在最后一步是程序员应该养成的一个好习惯。

　　设计并书写出算法的伪代码是程序设计的关键一步。编写伪代码也有一定的方法可循，那就是仿照编写欧几里得算法的例子，从描述方法开始，经过不断细化，最后得到伪代码。由此，本书提出程序设计的**三步法** (three-step method)。

程序设计
三步法

　　第一步：用自然语言清晰地描述解决问题的方法。

　　第二步：将方法转换为伪代码算法。

　　第三步：将伪代码算法转换为源代码。

　　编写程序是极容易犯错误的过程。要高质量地完成一个任务，往往需要遵循一定的规范步骤。编写程序也不例外。本书将编写程序的过程进一步分解成 3 个步骤，便于很好地完成这个过程的每个中间产品，最后设计出符合要求的高质量程序。

　　本书在讲解例子时将按照上述三步法进行。建议读者在完成练习时也遵循这种方法，设计高质量的程序。

1.2 Python 语言

1.2.1 Python 是什么

Python 是一种通用程序设计语言,由吉多·范·罗苏姆(Guido van Rossum)在 20 世纪 80 年代末设计。Python 的设计理念如下:

- Beautiful is better than ugly. (优美胜过丑陋。)
- Explicit is better than implicit. (明晰胜过隐含。)
- Simple is better than complex. (简单胜过复杂。)
- Complex is better than complicated. (复杂胜过繁杂。)
- Readability counts. (可读性很重要。)

基于这些理念设计的程序设计语言 Python 具有易学和易用的特点,因此被程序员用于解决各种程序设计问题,并积累了大量的第三方库,这也进一步推动了 Python 的流行,扩展了其应用范围。

Python 是解释执行的,有别于 C/C++ 和 Java 等的编译运行。目前 Python 有两种版本:Python 2 和 Python 3。要注意的是,Python 2 和 Python 3 并不完全兼容。本书使用 Python 3,因此建议读者安装 Python 3。读者可以在 https://www.python.org 选择安装适合自己操作系统的 Python 3。

1.2.2 使用 Python 解释器

Python 安装成功后即可使用 Python 解释器。Windows 用户可以单击左下角 Windows 图标,找到 Python 应用程序。例如,用户安装了 Python 3.8,可以选择第一种方式——IDLE(Python 3.8 64-bit),也可以选择第二种方式——Python 3.8 (64-bit)。

例如,选择第二种方式,即可启动解释器,如图 1.4 所示。Python 解释器也称为 Python 壳。

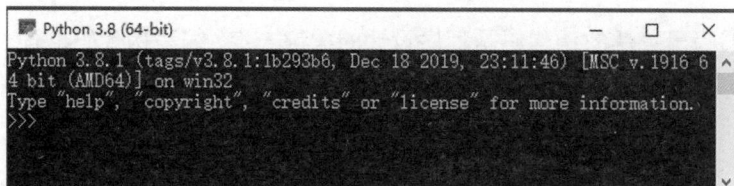

图 1.4 运行 Python 解释器

可以将 Python 解释器理解为一个功能强大的计算器。用户可以在这里输入普通的算术表达式,也可以输入 Python 命令,然后按回车键,解释器将执行相应的计算或者命令,显示执行结果。例如,做算术运算[①]:

```
>>> 33 + 55
88
```

[①] 本书用方框表示在解释器中的交互式执行过程。

```
>>> 55 - 12
43
>>> 12.3 * 12
147.60000000000002
>>> 34 / 12
2.8333333333333335
>>> 34 % 12
10
```

其中，* 表示**乘法运算**，% 表示**求模运算**。

Python 用 ** 表示**幂运算**。运算的优先级符合数学上的习惯：幂运算的优先级最高，其次是乘除，最后是加减。

也可使用解释器提供的其他函数，如平方根函数 math.sqrt()：

```
>>> import math
>>> (1 + math.sqrt(2))**2
5.82842712474619
```

在使用数学函数之前，需要首先输入导入 math 模块命令 import math。接下来的表达式中使用了 math 模块提供的平方根函数 sqrt()。注意，使用 math 模块的数学函数要在前面加前缀 "math."，例如 math.sqrt(2) 表示 2 的平方根。

也可以在解释器中输入简单的打印命令 print()，将打印的表达式置于圆括号中：

```
>>> print('Hi there')
Hi there
>>> print(78 / 1.75 ** 2)
25.46938775510204
>>> print('Your BMI is ', 78 / (1.75 ** 2))
Your BMI is  25.46938775510204
```

可以用 print() 同时打印多个表达式，此时表达式之间用逗号隔开。

注意，按照约定的优先级，表达式 78 / 1.75 ** 2 等价于 78 / (1.75 ** 2)。

解释器提供了一个帮助命令 help，如查看有关 math 提供了哪些函数：

```
>>> help(math)
```

用户可以看到 math 提供的数学函数和数学常数，例如：

```
>>> math.e
2.718281828459045
>>> math.pi
3.141592653589793
>>> math.log(10)
2.302585092994046
>>> math.log(10,2)
3.3219280948873626
```

用户也可以查看有关函数的帮助信息，例如：

```
>>> help(math.log)
   log(x, [base=math.e])
   Return the logarithm of x to the given base.

   If the base not specified, returns the natural logarithm
                                       (base e) of x.
```

其中，log(x, [base=math.e])说明函数 log() 的用法：第二个表示底数的实参可以省略（通常用方括号表示该参数可以省略）。如果省略第二个实参，则结果是以 math.e 为底的对数。例如 math.log(10) 表示 10 的自然对数，相当于 math.log(10, math.e)，math.log(10,2) 表示以 2 为底 10 的对数。

更多关于 Python 的使用方法请参看 The Python Tutorial(https://docs.python.org/3/tutorial/index.html) 和 Using Python (https://docs.python.org/3/using/index.html)。关于 Python 提供的库函数，参看 The Python Standard Library (https://docs.python.org/3/library/index.html)。

1.3　数据、数据类型和表达式

1.3.1　数据和数据类型

程序的主要功能是处理数据，即程序的输入是数据，输出也是数据。例如，百度是一个复杂程序，在百度首页的搜索框中输入关键字，百度给出一系列相关网页。每个人的手机上都运行着许多类似的查找程序，如微信中的查找、电话号码查找。再如，前面看到的 Python 解释器也是一个程序，其功能是执行 Python 命令，并显示结果。

那么，什么是数据？人们常说"用数据说话"。例如，2018 年国内生产总值为 919 281.1 亿元 [①]。人们常讲保护私人信息（数据），如某人的身份证号码、电话号码、住址、银行账号、密码等，这些都是数据。**数据** (data) 是事物或者信息的符号表示。例如一个人的体重和身高信息：体重 65.5kg，身高 170cm。再如一个人的信息可能包括姓名、性别、出生日期、婚否、受教育程度和职业等。

不同类型的信息有不同的属性，用不同类型的数据表示。例如，体重用实数表示；身高用整数表示；性别用两个不同的符号表示，如 '男', '女'；婚否也用两个不同的状态表示，如 '是'和'否'；姓名则用一串汉字或者一串英文字母表示，如 "高兴"和"Bill Gates"。所谓不同的属性是指对它们进行的运算或者操作不一样，例如：

- 表示气温的数值可以做加减运算，如 $23 + 5$，$23 - 10$。
- 表示国内生产总值（GDP）的数据可以做乘除运算，如 $919281.1 \times 6.7\%$，$919281.1 / 130000000$。

---

① 国家统计局：data.stats.gov.cn

- 表示人名的数据 "高兴" 包含两个字，可以取出姓 "高" 和名 "兴"。
- "Python is a programming language" 包含 32 个字符（包括空格），是一个字符串（String），"Python" 是其中的一个子串。

程序设计语言为表示这些不同类型的数据提供了现成的**数据类型**（data type），包括这些类型的名称、每种类型可用于表示数据的符号（称为这种类型的值）以及这种类型的数据可以进行的基本运算。例如，Python 提供了整数类型 int（表示整数）、浮点数类型 float（表示实数）、布尔类型 bool（表示两种不同状态的值）和字符串类型 str（表示一串字符）。

对于每个数据类型，要理解它由哪些值构造，以及这些值可以做什么样的运算，或者说对于这种类型的数据可以做什么样的基本处理。

1. 整数类型 int

整数类型 int 用于表示整型数值。

- 这种类型的值包括人们熟悉的符号：$0, 1, -1, 2, -2, \cdots$。
- 可以做的运算包括 +、−、*、//、% 等基本算术运算以及相等（==）、不相等（! =）、大于（>）和小于（<）等比较运算。

可以在 Python 解释器中进行数据的简单运算，如整数的加、减、乘、除：

```
>>> 33 + 55
88
>>> 55 - 12
43
>>> 12 * 12
144
>>> 34 // 12
2
>>> 34 % 12
10
```

2. 浮点数类型 float

浮点数类型 float 用于表示实数值。

- 这种类型的值包括人们熟悉的符号，如 12.3、−23.45 等。
- 可以做的运算包括 +、−、*、/、** 以及比较运算。

同样可以在 Python 解释器中进行浮点数的简单运算，例如：

```
>>> 33.5 + 55.3
88.8
>>> 33 - 23.5
9.5
>>> 2 * 23.5
47.0
>>> 23/2
11.5
```

```
>>> 16**2
256
```

其中，** 表示**幂运算**。例如，16**2 表示 16^2。

3. 布尔类型 bool

布尔类型 bool 用于表示一个条件是否成立，包含两个布尔值：True 和 False。其运算称为**逻辑运算** (logical operation)，包括 and、or、not。

```
>>> True and False
False
>>> False and True
False
>>> True and True
True
>>> False or True
True
>>> False or False
False
>>> not False
True
>>> not True
False
```

4. 字符串类型 str

字符串类型 str 的数据是用单引号或者双引号扩起来的一串字符，例如：

```
>>> 'Hello there!'
'Hello there!'
>>> " 我爱 Python!"
' 我爱 Python!'
>>> ' 我爱 Python!' + 'Programming is fun!'
' 我爱 Python!Programming is fun!'
```

其中＋是字符串的**串接** (concatenation) 运算。

可以用函数 type() 查看一个数据的类型：

```
>>> type(88)
<class 'int'>
>>> type(12.0)
<class 'float'>
>>> type(True)
<class 'bool'>
>>> type('Hi there')
<class 'str'>
```

1.3.2　标识符、变量和表达式

一个数据类型实际上规定了表达这种数据的值和这些数据上的常用运算。例如，数值类型可以进行加减乘除运算，布尔类型可以进行逻辑运算，字符串类型可以进行串接运算，等等。

使用同一种类型的数据和运算可以构造表达式，表示更复杂的数据。例如，一个人的身高是 1.60m，体重是 70.5kg，则其身体质量指数（Body Mass Index，BMI）为：体重/身高^2。

```
>>> 70.5/1.60**2
27.539062499999993
```

常常用符号命名一个数据或者表达式，例如：

```
>>> w = 70.5
>>> h = 1.6
>>> bmi = w / h**2
>>> bmi
27.539062499999993
```

这些命名用的符号 w、h 和 bmi 称为**标识符** (identifier)。

使用标识符命名一个量或者一个表达式的好处是显而易见的，也是数学上常用的方法。再如，用标识符 PI 表示圆周率常数 3.14159，用标识符 radius 表示半径，在计算圆的面积（用 area 表示）时，可以直接使用这些标识符：

标识符和
变量

```
>>> PI = 3.14159
>>> radius = 5.3
>>> area = PI * radius ** 2
>>> area
88.2472631
```

程序设计语言中标识符的使用有一定的语法规则。例如，不能使用程序设计语言中具有特殊意义的关键字做标识符，以免造成歧义。再如，以下 Python **关键字**（keyword，也称保留字）不可用作标识符：False, None, True, and, as, assert, break, class, continue, def, del, elif, else, except, finally, for, from, global, if, import, in, is, lambda, nonlocal, not, or, pass, raise, return, try, while, with, yield。

一般地，标识符的**命名规则** (naming rule) 是：以字母或者下画线开始，包含字母、数字和下划线的串，长度不限，但是大小写敏感，不能包含空格，不能是关键字。例如，x1、my_name、my_Name 和 _name_ 都是合法的标识符；但是 3x、pass 都不是合法的标识符，因为前者以数字开头，后者是一个保留字。

在程序设计语言中，有的标识符表示一个不变的**常量** (constant)，如上面的 PI。但是，大多数标识符表示的值是变化的。例如，对前面的一组计算，换一组数据可以得到不同的结果：

```
>>> w = 75.5
>>> h = 1.80
>>> bmi = w / h**2
>>> bmi
23.30246913580247
```

这里的标识符 w、h 和 bmi 表示的值是可变的，即它们表示可以变化的量，或变量。例如，可以用这些变量计算另一组身高、体重的 BMI：

```
>>> w = 65
>>> h = 1.70
>>> bmi = w / h ** 2
22.49134948096886
```

在程序设计语言中，一个**变量** (variable) 是计算机某块内存中存储的数据的符号表示。一个变量具有一个名，以及该变量表示或者指向的某块内存存储的信息，称为变量的值。在 Python 赋值语句"w = 75.5"中，w 是变量的名，75.5 是变量的值。我们称变量 w 指向数据对象 75.5。今后将直接称 w 是一个变量，其值为 75.5。

1.3.3 命令或语句

以上看到的 w = 75.5 是一个简单的**命令** (command)，或称**赋值语句** (assignment statement)，即将等号右边的值赋给左边的变量。

将数据输出到屏幕使用另一个简单的命令：**打印语句** (print statement)，例如：

```
>>> print(123)
123
>>> print(h)
1.8
>>> print('Hi there!')
Hi there!
>>> print('Your BMI is', bmi)
Your BMI is 23.30246913580247
```

读取用户的键盘输入，使用**输入语句** (input statement)：input()。下列语句将用户的输入赋给一个变量：

```
>>> name = input('type your name:')
type your name:Qiao Qiao
>>> name
'Qiao Qiao'
>>> age = input('Type your age:')
Type your age:20
>>> age
'20'
```

其中 input 后面的括号内的字符串是给用户的提示信息。

可以看出，input 语句返回的结果是一个串。

变量 age 的类型是 str，其值是 '20'。如何将 age 转换为整数呢？可以使用类型转换函数 int() 将一个字符串转换为整数：

```
>>> a = int(age)
>>> a
20
```

常常使用如下方式接收从键盘输入的一个整数或者实数：

```
>>> a_int = int(input('type some int:'))
type some int:123
>>> a_int
123
>>> b_float = float(input('type some float:'))
type some float:1.23
>>> b_float
1.23
```

其中，float() 将一个用串表示的浮点数转换为浮点数。

1.3.4　一个简单程序

下列语句序列提示用户输入身高和体重，然后输出其 BMI 值：

```
>>> w = float(input('type your weight in kg:'))
type your weight in kg:70.5
>>> h = float(input('type your height in m:'))
type your height in m:1.85
>>> bmi = w / h**2
>>> print('Your BMI is', round(bmi,1))
Your BMI is 20.6
```

其中，函数 round(a, 1) 表示给浮点数 a 保留一位小数。

可以将以上语句序列存储在一个文本文件中，例如：

```
"""This is a one line docstring: Compute BMI for a person"""
""" This is a multi-line docstring:
    input weight in kg and height in m,
    compute BMI and print it out.
"""
w = float(input('type your weight in kg:'))   # 提示用户输入体重
h = float(input('type your height in m:'))    # 提示用户输入身高
bmi = w / h**2                                # 计算bmi
print('Your BMI is', round(bmi,1))            # 输出结果
```

并将该文件命名为 bmi.py，称该程序为一个**模块** (module) 或者**脚本** (script)，犹如一个话剧的脚本。

在脚本中，第一个命令前的字符串是程序的**说明文档** (docstring)，用于说明该程序的功能。说明文档用三对引号括起来，三对单引号或者三对双引号均可。如果是多行，则结尾的三对引号另起一行，并与开始的三对引号左对齐。

【注意】 对于文档串使用三对单引号还是三对双引号，Python 并无明确的规定。本书使用三对双引号。

脚本中每个命令后添加了**注释** (comment)。注释的目的是为程序中的命令添加必要的解释说明，便于人们阅读理解，例如一个语句的作用、语句中变量的含义等。Python 用符号 # 表示注释的开始。添加注释是提高程序可读性的重要措施。解释器执行脚本时将忽略注释。

注意书写 Python 脚本的规则：

（1）Python 代码必须命名为扩展名为.py 的文本文件。

（2）语句序列的每个语句占一行，所有语句要左对齐。

（3）好的编程习惯是在一个程序前添加说明文档，如输入、输出和功能。

1.3.5　在 IDLE 下运行程序

启动 Python 解释器和运行 Python 程序存在多种方式。对于初学者而言，最简单的方法是使用 Python 的集成开发和学习环境（IDLE）。

在 IDLE 下运行已经存在的脚本（如 bmi.py）的步骤如下：

（1）运行 Python IDLE，系统弹出解释器窗口，如图 1.5 所示。这个窗口，又称 Shell(壳) 窗口。

在IDLE下运行程序

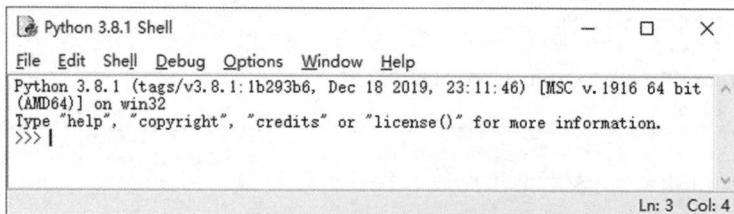

图 1.5　Python IDLE 解释器（Shell）

（2）单击解释器顶部的 File，选择 Open 命令打开已经编辑好的文件 bmi.py，如图 1.6 所示。

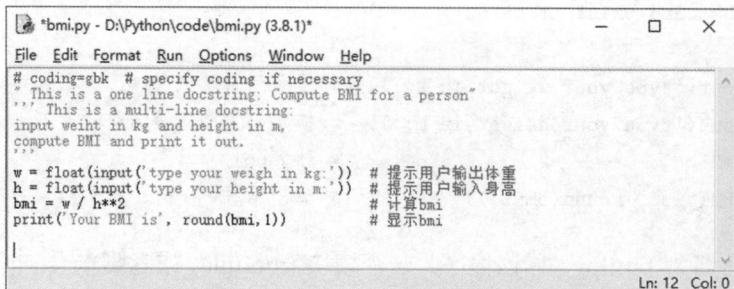

图 1.6　Python IDLE 编辑器

（3）单击编辑器窗口顶部的 Run，选择 Check Module 命令。如果检查有错误，回到编辑器修改脚本，直至 Check Module 命令不再报告错误。

（4）单击编辑器窗口顶部的 Run，选择 Run Module 命令，解释器开始运行脚本。

（5）根据程序需要输入数据，继续运行。

（6）如有需要，返回编辑器窗口修改程序，并存储修改后的脚本。

（7）重复（3）～（6），直至得到满意的结果。

运行新编辑脚本的步骤如下：

（1）运行 Python IDLE，系统弹出解释器窗口。

（2）单击解释器顶部的 File，选择 New File 命令打开编辑器。

（3）在编辑器中编辑程序，并将其存储为扩展名为.py 的文件。

（4）单击编辑器窗口顶部的 Run，选择 Check Module 命令。如果检查有错误，回到编辑器修改脚本，直至 Check Module 命令不再报告错误。

（5）单击编辑器窗口顶部的 Run，选择 Run Module 命令，解释器开始运行脚本。

（6）根据程序需要输入数据，继续运行。

（7）如有需要，返回编辑器窗口修改程序，并保存修改后的脚本。

（8）重复（3）～（7），直至得到满意结果。

1.3.6 在命令提示符窗口运行程序

命令提示符是一个运行可执行程序的工具。用户可以在命令提示符窗口中启动解释器，运行 Python 程序，步骤如下：

（1）打开命令提示符窗口。

（2）在当前目录编辑并存储脚本文件，或者确保当前目录存储了脚本文件 bmi.py（用 dir 命令查看当前目录文件，用 cd 命令转到存储脚本文件的目录）。

（3）运行命令 python bmi.py，如图 1.7 所示。

在命令提示符窗口运行程序

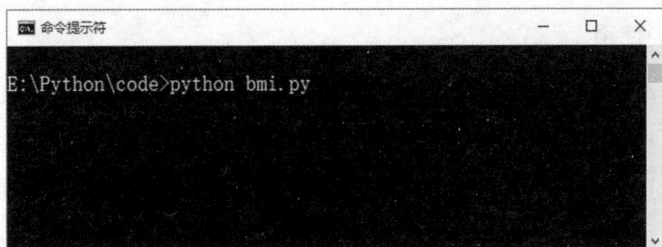

图 1.7 使用命令运行程序

（4）根据运行过程中的提示输入数据。

（5）如有需要，打开文本编辑器修改程序，并存储脚本。

（6）重复（3）～（5），直至得到满意结果。

也可以选择先打开 Python 解释器，然后用交互方式运行程序，步骤如下：

（1）打开命令解释器，系统弹出命令解释器窗口。

（2）在当前目录编辑并存储脚本文件，或者确保当前目录存储了脚本文件 bmi.py（用 dir 命令查看当前目录文件，用 cd 命令转到存储脚本文件的目录）。

（3）运行命令 python，窗口变为解释器。

（4）在解释器中**导入** (import) 该脚本（或者模块）：

```
>>> import bmi
```

脚本中的语句将依次运行。

（5）根据运行过程输入数据，例如：

```
type your weight in kg:56
type your height in m:1.68
Your BMI is 19.8
```

（6）如有需要，打开文本编辑器修改程序，并存储脚本。

（7）在解释器中重新导入脚本，此时需要先导入模块 importlib，并使用该模块的 reload() 函数：

```
>>> import importlib
>>> importlib.reload(bmi)
```

每次修改脚本 bmi.py 后需要再次执行 `importlib.reload(bmi)`。

（8）重复（6）～（7），直至得到满意结果。

（9）用 quit() 命令退出 Python 解释器。

1.4 turtle 作图

turtle 是一个提供简单作图命令的模块，用户可以导入该模块，使用该模块提供的作图命令编写程序，绘制简单图形。

1.4.1 turtle 的使用

设想一只小海龟（turtle）在沙滩上爬行，身上带了一支笔，而且长了许多按钮，通过触动这些按钮可以指挥小海龟的动作，例如改变笔的颜色，抬笔和落笔，改变行走的方向，沿当前方向前进一定距离，等等。这些指挥 turtle 的动作又称为 turtle 的方法。给 turtle 设置一系列动作便可以画出期望的图形。例如，下列指令可指挥 turtle 画出图 1.8 所示的图形：

```
>>> import turtle            # 导入 turtle 模块
>>> turtle.showturtle()      # 显示 turtle
>>> turtle.pencolor('red')   # 设置 turtle 轨迹的颜色
>>> turtle.pensize(2)        # 设置笔迹宽度
>>> turtle.circle(50)        # 以 50 像素为半径画圆
>>> turtle.penup()           # 提笔，不留笔迹
>>> turtle.left(180)         # 左转 180°
```

```
>>> turtle.forward(50)        # 向前移动 50 像素
>>> turtle.right(135)         # 右转 135°
>>> turtle.pendown()          # 落笔
>>> turtle.forward(150)       # 向前移动 150 像素
```

使用导入模块中的一个方法时，需要采用"模块名.方法名(实参)"的格式。例如，turtle.penup() 和 turtle.left(180)。其中，前一个方法不需要实参；后一个方法则需要一个实参，说明左转 180°。注意，即使不需要实参，方法名后面的括号也不可省略。

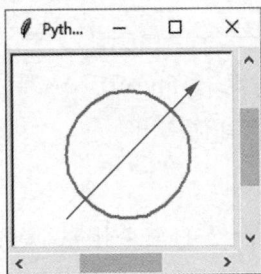

图 1.8　turtle 作图

在命令提示符窗口运行下列命令可以查看 turtle 自带的程序演示：

```
>python -m turtledemo
```

1.4.2　如何运行一个 turtle 程序

1.4.1 节展示的是在解释器中一个个输入 turtle 命令并运行。也可以将这些命令写在一个脚本中，批量运行。

（1）运行 Python IDLE，系统弹出解释器窗口。

（2）单击解释器顶部的 File，选择 New File 命令，系统弹出编辑器窗口。

（3）在编辑器中编辑修改程序，并注意所有行左对齐，例如：

```
import turtle               # 导入turtle模块
turtle.showturtle()         # 显示turtle
turtle.pencolor('red')      # 设置turtle轨迹的颜色
turtle.pensize(2)           # 设置笔迹宽度
turtle.circle(50)           # 以50像素为半径画圆
turtle.penup()              # 提笔，不留痕迹
turtle.left(180)            # 左转180°
turtle.forward(50)          # 向前移动50像素
turtle.right(135)           # 右转135°
turtle.pendown()            # 放下笔
turtle.forward(150)         # 向前移动150像素
turtle.done()               # 等待用户操作
```

（4）单击编辑器窗口顶部的 File，选择 Save 命令，文件要以.py 为扩展名，例如 myturtle.py（请勿命名为 turtle.py）。

（5）单击编辑器窗口顶部的 Run，选择 Check Module 命令，直至没有语法错误。

（6）单击编辑器窗口顶部的 Run，选择 Run Module 命令，解释器开始运行脚本，并弹出图形窗口画图。

（7）如果运行出现问题，或者需要修改程序，关闭图形窗口，返回（3）。

（8）重复（3）～（5），直至得到满意的图形。

也可以在命令提示符窗口通过下列命令执行脚本 myturtle.py：

```
>python myturtle.py
```

【注意】　在命令提示符窗口运行 myturtle.py 时，如果在脚本中没有最后一个命令 turtle.done()，则图形窗口很快自行关闭。

1.4.3　turtle 命令

表 1.2 列出 turtle 的常用命令的部分用法，更详细的用法和其他命令请参考 https://docs.python.org/3/library/turtle.html。

表 1.2　turtle 常用命令的部分用法

命令	语义
showturtle()	显示 turtle
position()	返回 turtle 位置
penup()	提笔
pendown()	放笔
pencolor('red')	将 turtle 笔迹颜色设置为红色
pensize(width)	将 turtle 笔迹宽度设置成 width（一个正整数）
forward(d)	从当前位置沿当前方向前进 d 像素
goto(x, y)	从当前位置移到位置 (x, y)
setx(a)	设置 turtle 的 x 坐标为 a
sety(b)	设置 turtle 的 y 坐标为 b
heading()	返回 turtle 方向与 x 轴夹角
left(d)	turtle 左转 d 度
right(d)	turtle 右转 d 度
circle(r)	以（当前方向）左方 r 像素处为圆心，以 r 为半径画圆
write('Hello')	在当前位置写下字符串 'Hello'
undo()	取消上一次动作
shape('turtle')	将 turtle 设置为小海龟状
turtle()	构造一个新的 turtle
done()	进入事件驱动循环，等待用户的鼠标、键盘操作
bye()	关闭 turtle 图形窗口

例如，turtle.pencolor() 有 4 种用法：

（1）turtle.pencolor() 返回当前小海龟笔迹颜色。例如，下面的命令显示当前颜色为黑色（'black'）：

```
>>> turtle.pencolor()
'black'
```

（2）turtle.pencolor(colorstring) 将笔迹颜色设置为指定的 colorstring。例如，turtle.pencolor("red") 将笔迹颜色设置为红色。

（3）turtle.pencolor((r,g,b)) 将笔迹颜色设置为用三元组 (r,g,b) 表示的 RGB 色彩模式，其中 r、g 和 b 分别取 0~1.0 的实数。例如，将笔迹设置为橙色的命令为 turtle.pencolor((1.0,0.6,0))。

（4）turtle.pencolor(r,g,b) 将笔迹颜色设置为用 r,g,b 表示的 RGB 色彩模式，其中 r、g 和 b 分别取 0~1.0 的实数。

画圆的命令 turtle.circle() 也有多种用法：

（1）turtle.circle(radius) 画出半径为 radius 的圆。例如，turtle.circle(50) 画一个半径为 50 的圆，圆心位于（当前方向）左方 50 像素处。

（2）turtle.circle(radius, extent) 画出半径为 radius、圆心角为 extent 的圆弧。例如，turtle.circle(50, 180) 画一个半径为 50 的半圆。

（3）turtle.circle(radius, extent, steps) 画出半径为 radius、圆心角为 extent、等长线段条数为 steps 的与圆内接的折线形。例如，turtle.circle(50,360,5) 画出正五边形，其外接圆的半径为 50。

【注意】　在上面所述网页 turtle.html 中查看 circle() 命令的用法，其用法说明为

turtle.circle(radius, extent=None, steps=None)

这里 radius、extent 和 steps 为形参，其语义为：以 radius 为半径，以 extent 为圆心角，画 steps 条等长线段构成的圆内接折线。方法说明中 extent=None 和 steps=None 表示可以不为第二个和第三个形参提供实参，但是必须为第一个形参提供实参。因此，使用 circle() 方法可以提供 1~3 个输入数据（实参）[1]，各个输入的解释是：第一个输入表示半径（radius），第二个和第三个输入分别表示折线对应的圆心角（extent）和等长线段条数（steps）。如果不为 extent 提供输入，则 extent 取 360°，如果不为 steps 提供输入，则画圆弧。例如，circle(100) 表示画半径 100 像素的圆，circle(100, 180) 表示画半径 100 像素的半圆（180°），而 circle(100, 360, 5) 则表示画正五边形。这种按照位序提供的输入称为**定位实参** (positional argument) 或者定位输入。如果不按照这个次序提供输入，则需要用"形参 = 实参"的方式说明为哪个形参提供实参。例如，circle(100, steps=5) 表示第一个定位输入 100 为半径，而第二个实参 5 为 steps，而不是 extent。这种情况下 extent 取 360，因此 circle(100, steps=5) 画出正五边形。

---

[1] 在不致引起混淆的情况下，本书将混用输入和实参。

用"形参 = 实参"这种方式提供的输入称为**关键字实参** (keyword argument) 或者关键字输入。

1.4.4　一个 turtle 绘图程序

为了简化 turtle 模块命令使用格式，可以用 from turtle import * 导入 turtle 模块，此时使用模块命令时，模块名和点可以省略。例如，turtle.forward(200) 可以简写成 forward(200)。图 1.9 中显示了以简化格式使用 turtle 命令的绘图程序 Turtle Star 以及运行结果。该程序以及 turtle 模块参见 `https://docs.python.org/3/library/turtle.html`。

```
from turtle import*
color('red', 'yellow')
begin_fill ()
while True:
        forward(200)
        left (170)
        if abs(pos()) < 1:
                break
end_fill ()
done()
```

(a) 绘图程序

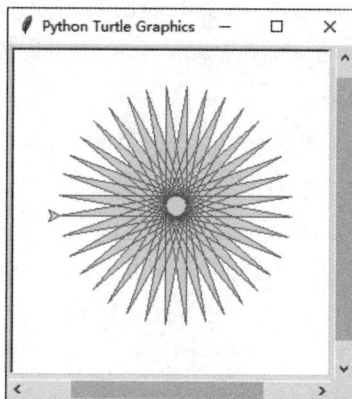

(b) 运行结果

图 1.9　绘图程序和运行结果

习题

1.1　请用自己的语言描述算法、程序、数据和数据类型的概念。

1.2　用算法的形式写一个菜谱。该算法应该满足算法应具有的特征。

1.3　给定任意正整数 n ($n \geqslant 2$)，如何判断 n 是否是一个素数（即它的因子只有 1 和自己本身）？

- 写出条理清晰的方法。
- 用伪代码写出算法。

1.4　用算法描述如何画一个正方形和内切圆。要求：用自然语言描述，每个指令应该可以用一个 turtle 模块命令替换。

1.5　利用 turtle 模块画出七段数码管显示的数字 1, 2, $\cdots$, 9, 0, 如图 1.10 所示。

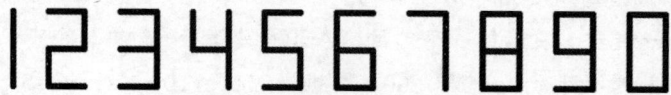

图 1.10　七段数码管显示的数字

1.6　利用 turtle 模块画出奥运五环，并在五环下书写"Welcome to Beijing, 2022"，如图 1.11 所示。提示：可以用 turtle.goto(x,y) 将小海龟移动到指定坐标点 (x,y)，用 turtle.write("Beijing", align="center", font=("Arial", 12, "normal")) 以小海龟当前位置为中心添加文字，并指定文字字体和大小等。

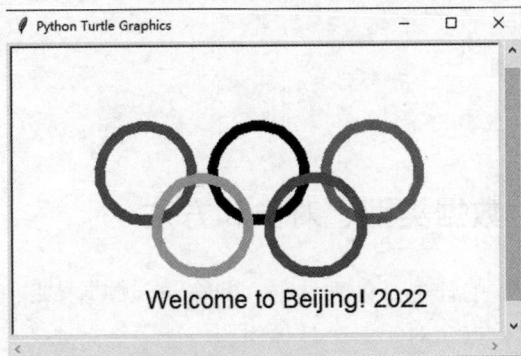

图 1.11　奥运五环

数据处理基础

2.1 数据类型、对象和方法

数据类型、
对象和方法

程序的任务是处理数据，即将输入数据按照既定的算法一步步计算出输出数据。对于一个具体问题，程序员需要考虑输入数据是什么，输出数据是什么，以及在一个程序设计语言中如何表达这些数据。

在第 1 章已经介绍了几种数据类型，它们的表达形式也不一样，能对它们进行的处理或者运算也不一样。每种程序设计语言都提供一些基本的数据类型，如第 1 章看到的表示整数、实数和字符串的类型 int、float 和 str 等。本章介绍几种常用数据类型和数据结构及其基本处理方法，包括布尔类型、数值类型、字符串、多元组、列表和字典。

为了处理数据的方便，习惯上把数据和对该类数据可以进行的基本操作"打包"成一个**类** (class)，用户只需知道用什么样的符号表达数据以及这类数据上提供哪些处理方法或者运算即可，至于数据在计算机上的具体表示以及相应的处理方法和运算的具体实现对于用户是抽象的，用户无须了解，故又称这种数据类型为**抽象数据类型** (Abstract Data Type, ADT)，属于这种类型的元素又称为该类型的**对象** (object)。例如，int, float, str 都是抽象数据类型。数据 5 是 int 类型的元素或对象，对两个 int 对象可以进行算术运算，如 $3+5$。至于 5 在计算机中具体如何表示，$3+5$ 中加法的具体实现，这些对用户都是抽象的，一般用户无须了解这些细节。

再如，"Hello!" 是 str 类型的对象，len("Hello!") 返回该对象包含的字符个数，"Hello!".upper() 返回将小写字母转换为大写字母的字符串"HELLO!"，具体如下：

```
>>> len("Hello!")
6
>>> "Hello!".upper()
"HELLO!"
```

其中，upper() 是类 str 提供的方法，可在 str 类型的任何对象上使用。str 类型的函数 len() 和方法 upper() 的实现对用户也是抽象的。

对象 obj 的方法 m 的使用形式是 obj.m(参数)。例如，字符串方法 find(sub) 查找子串 sub 第一次出现的位置。例如：

```
>>> w = 'Hello!'
>>> w.find('ll')
2
```

这里的位置从 0 开始计算。

Python 函数 type(obj) 返回对象 obj 的类型。函数 isinstance(obj, class) 检查对象 obj 是否为 class 的一个对象。例如：

```
>>> type(5)
<class 'int'>
>>> isinstance(5,int)
True
>>> isinstance("Hello!", int)
False
>>> isinstance("Hello!",str)
True
```

以下介绍其他几种常用的抽象数据类型和数据结构，详见 https://docs.python.org/3/library/stdtypes.html。

2.2　数据类型 bool

程序设计中常常需要判断一个条件是否成立。Python 提供了表达这种数据的类型 bool，称为布尔类型，它的两个值是 True 和 False，分别表达"真"（"正确"）和"假"（"错误"）两种状态。

布尔类型

2.2.1　bool 类型上的运算

bool 类型上的常用运算有 3 个：表示状态的反面或者否定为"真"的 not，表示两个状态同时为"真"的 and，以及表示两个状态至少有一个为"真"的 or。例如，"真"的否定是"假"，"假"的否定是"真"：

```
>>> not True
False
>>> not False
True
```

再如，"假"和"真"同时为"真"是"假"的，即"假"和"真"做 and 运算结果为"假"。类似地，"假"和"真"做 or 运算结果为"真"：

```
>>> False and True
False
>>> False or True
True
>>> False or (not False)
True
```

and 与 or 运算规则见表 2.1。

表 2.1　and 与 or 运算规则

p	q	p and q	p or q
True	True	True	True
True	False	False	True
False	True	False	True
False	False	False	False

【注意】　x and y 是**短路** (short-circuit) 运算，即当 x 为 False 时，结果是 False，不再计算 y 的值。同样，x or y 也是短路运算，即当 x 为 True 时，结果为 True，只有 x 为 False 时才需要计算 y 的值。

2.2.2　运算结果是布尔值的运算

运算结果是布尔值的运算有 3 种，分别是比较运算、逻辑运算和成员测试运算。

1. 比较运算

Python 提供了许多常见的比较运算，包括相等比较（==）、不相等（!=）、大于（>）、大于或等于（>=）、小于（<）和小于或等于（<=）（注意，两个符号之间不含空格）。这些比较的结果都是布尔值。例如：

```
>>> 2 == 2
True
>>> 2 == 3
False
>>> 3 > 2
True
>>> 3.1 >= 5.0
False
```

这些比较运算不仅可应用于数值的比较，也可用于字符串的比较。例如：

```
>>> 'ab' == 'Ab'
False
>>> 'ab' < 'acd'
True
```

这里字符大小表示两个字符串按照字典序的先后次序：如果字符串 s 排在字符串 t 之前，则 $s < t$ 为 True。

2. 逻辑运算

可以把比较运算和逻辑运算结合起来，表达更复杂的条件。例如，"3 大于 2 并且 5 小于 4"是假的：

```
>>> 3 > 2 and 5 < 4
False
```

两个条件的"并且"在某些时候可以简化。例如，2 < x and x <= 6 还可以写成习惯上的 2 < x <= 6 的形式：

```
>>> x = 5
>>> 2 < x <= 6
True
```

再如"并非 3 大于 2"：

```
>>> not (3 > 2)
False
```

"并非这样的情况：2 大于 2 或者 5 大于 6"：

```
>>> not (2 > 2 or 5 > 6)
True
```

3. 成员测试运算

成员测试函数 in 用于测试一个对象是否是另一个对象的成员。例如：

```
>>> 12 in [1,2,34,12]
True
>>> 'hello' not in 'Hello there!'
True
```

其中[1,2,34,12]是一个列表，它包含了 1、2、34 和 12 这 4 个值。

2.2.3　其他可用于条件测试的值

其他类型的值也可以视为布尔值，用于条件测试。下列值也被视为 False：

（1）特殊值 None[①]。例如，在解释器中输入下列条件语句：

```
>>> if not None :
...     print('not None')
not None
```

注意，这里输入第二行 print() 语句时要缩进，前面的 3 个点(...)是解释器显示的占位符。

（2）数值类型的 0。例如 0 和 0.0：

[①] None 表示"没有值"。例如，如果一个函数没有返回值，则其返回值是 None。

```
>>> x=0
>>> if not x:
...     print('not 0')
not 0
```

（3）空序列。例如空串（用''表示）、0元组（用()表示）、空列表（用[]表示）。

（4）空映射。例如{}。

非0值、非空序列等在条件测试中等同于True。

2.3 数值类型 int、float 和 complex

Python提供了3种数值类型：整数类型int、浮点数类型float和复数类型complex（参见 https://docs.python.org/3/library/stdtypes.html）。对于每种类型，需要熟悉这种类型包括哪些值，可以做哪些运算。

2.3.1 整数类型 int

整数类型int可表示任意整数。整数值用通常的不带小数点的数字串表示，如123，并提供加（+）、减（-）、乘（*）、整数除法（//）和幂（**）以及比较运算。例如：

数值类型
及其转换

```
>>> 35 // 12
2
>>> 2 ** 100
1267650600228229401496703205376
>>> 2 == 1
False
>>> 2 != 1
True
>>> 2 >= 1
True
```

另一个常用的整数运算是求模运算（%），它给出一个整数被另一个整数除的余数。例如：

```
>>> 5 % 2
1
>>> 10 % 2
0
```

求模运算经常用于判断一个数是否偶数。例如：

```
>>> 5 % 2 == 0
False
>>> 10 % 2 == 0
True
```

2.3.2　浮点数类型 float

浮点数类型用 float 和 double 表示，两种类型的区别在于精度不同，分别称为单精度浮点数和双精度浮点数。浮点数用带小数点的数字串表示，如 12.34，并提供加（+）、减（−）、乘（*）、除（/）和幂（**）以及比较运算。

【注意】　由于浮点数在计算机里使用近似表示，所以，浮点数的运算有误差。主要表现在两个数学上相同的实数表达式可能运算结果不同，因此比较时也返回 False。例如：

```
>>> x = 0.1 + 0.2
>>> x
0.30000000000000004
>>> y = 3/10
>>> y
0.3
>>> x == y
False
```

另外，很大的数和很小的数相加，可能产生舍入误差。例如：

```
>>> x = 100000000 + 0.000000001
>>> x
100000000.0
>>> x = 10000000 + 0.000000001
>>> x
10000000.000000002
```

再如，计算调和级数和 $1 + 1/2 + 1/3 + \cdots + 1/n$，按照从前往后和从后往前计算的结果可能不相等。

2.3.3　复数类型 complex

复数由实数值的实部和虚部构成。可以用形如 $a+bj$ 的形式表示，其中 a 和 b 分别为实部和虚部。注意，这里虚部使用电子工程习惯的字母 j，而不是数学上习惯的 i。一个复数 z 的实部和虚部可分别用 $z.real$ 和 $z.imag$ 存取。例如：

```
>>> z = 1 + 2.3j
>>> z.real
1.0
>>> z.imag
2.3
```

可以将字符串转换为复数，但是要注意，此时字符串中不可以包含空格，否则解释器报错：

```
>>> complex('1+2.3j')
(1+2.3j)
>>> complex('1 + 2.3j')
```

```
Traceback (most recent call last):
  File "<stdin>", line 1, in <module>
ValueError: complex() arg is a malformed string
```

有关复数的更多运算,请参考 cmath 模块(https://docs.python.org/3/library/cmath.html#module-cmath)。

2.3.4　数值类型之间的转换

整数和浮点数均支持取绝对值运算 abs()、取反运算（−）、四舍五入运算 round() 以及相互转换运算 float() 和 int()。例如:

```
>>> round(10.23689,2)
10.24
>>> int(12.3)
12
>>> float(12)
12.0
```

2.3.5　使用数学常数和函数

模块 math 提供了常见的数学常数和函数 (参见 https://docs.python.org/3/library/math.html)。使用这些数学常数和函数需要先用命令 import math 导入 math 模块，然后使用 "math. 函数名 (参数)" 的方式调用。例如:

```
>>> import math
>>> math.pi
3.141592653589793
>>> math.ceil(12.3)
13
>>> math.floor(12.3)
12
>>> math.sqrt(3)
1.7320508075688772
>>> math.log2(10)
3.321928094887362
>>> math.sin(math.pi/2)
1.0
```

这里，ceil(12.3) 为向上取整函数，返回大于或等于 12.3 的最小整数；floor(12.3) 为向下取整函数，返回小于或等于 12.3 的最大整数；$sqrt(x)$ 返回 x 的平方根；$log2(x)$ 返回以 2 为底的 x 的对数；$sin(x)$ 返回 x 的正弦值。

2.3.6　生成随机数

在程序设计中经常需要生成随机数。Python 为此提供了 random 模块，其中包括 randint() 函数，可用于生成指定区间的整数。例如，random.randint(1,10) 可生成 1~10 的随机整数:

```
>>> import random
>>> random.randint(1,10)
2
>>> random.randint(1,10)
2
>>> random.randint(1,10)
8
>>> random.randint(1,10)
6
>>> random.randint(1,10)
9
>>> random.randint(1,10)
1
```

函数 random.random() 可用于生成区间 $[0, 1)$ 的实数：

```
>>> random.random()
0.6429861010541751
>>> random.random()
0.046439190321770685
>>> random.random()
0.7688009635217902
>>> random.random()
0.8033701428318737
```

另外，random 模块还提供了 choice()、sample()、shaffle() 和 uniform() 等函数，详见 https://docs.python.org/3/library/random.html。

2.4　字符序列类型：字符串

字符串是由字符序列构成的数据，类型名为 str。字符串值用单引号、双引号或者三对引号括起来。如果字符串包含多行，则需要用三对引号。Python 对字符串提供了大量的方法，为字符串的处理提供了便利。

字符串

2.4.1　构造字符串

可以直接用引号将字符序列括起来构造字符串。例如：

```
>>> 'Hi there!'
'Hi there!'
>>> "It's not true"
"It's not true"
```

注意，如果单引号是字符串的一部分，则需要用双引号将字符串括起来；反之，如果双引号是字符串的一部分，则需要用单引号将字符串括起来。

字符串的**串接** (concat) 运算（＋）将两个字符串首尾相接，构成一个新的字符串。例如：

```
>>> 'Hello ' + 'World!'
'Hello World!'
>>> hi = 'Hi'
>>> john = 'John'
>>> hi + john
'HiJohn'
```

字符串的重复运算（*）通过将一个串重复指定次数构造一个新串。例如：

```
>>> 3 * 'H'
'HHH'
>>> 3 * 'Hi'
'HiHiHi'
```

2.4.2 测试相等和子串

两个字符串是否相等的测试使用 == 或者!=。例如：

```
>>> 'hello' == 'hello'
True
>>> 'hello' != 'Hello'
True
>>> 'hi' == 'hi '
False
>>> len('hi')
2
>>> len('hi ')
3
```

注意，空格是字符串的有效字符。字符串相等测试是大小写敏感的，也就是说，两个字符串相等当且仅当长度相同，而且对应位置上的字符相同，包括大小写。

在字符串处理中常常需要测试子串，即判断一个串是否为另一个串的子串，方法是 in 或者 not in。例如：

```
>>> 'h' in 'hello'
True
>>> 'h' in 'Hello'
False
>>> 'hello' in 'Hello there!'
False
>>> 'the' not in 'Hello there!'
False
```

2.4.3 字符串的索引运算

一个字符串中每个字符的位序（从左到右，从 0 算起）称为这个字符的**索引** (index) 或者下标。例如"hello" 中'h' 的索引为 0，'o'的索引为 4。一个字符串 w 的合法索引为 0，1，$\cdots$，$\mathrm{len}(w) - 1$。存取字符串 w 中的某个字符可以使用索引运算 $w[i]$，其中

i 是一个合法索引。如果索引不合法，则引发索引越界错误："IndexError: string index out of range"。例如：

```
>>> w = 'hello'
>>> w[0]
'h'
>>> w[1]
'e'
>>> w[4]
o
>>> w[5]
Traceback (most recent call last):
  File "<stdin>", line 1, in <module>
IndexError: string index out of range
```

　　字符串的索引也可以从最后一个位置（−1）数起，倒数第二个索引为 −2，以此类推。例如：

```
>>> w = 'hello'
>>> w[-1]
'o'
>>> w[-2]
'l'
```

　　可以用 $w.\texttt{index}(c)$ 计算串 w 中字符 c 第一次出现的索引。例如：

```
>>> w = "hello"
>>> w.index('h')
0
>>> w.index('l')
2
>>> w.index('o')
4
```

2.4.4　存取子串的取段方法

　　字符串的**取段**（slicing，也称切片）运算可用于获取一个子串。用 $w[start:end]$ 表示取得 w 中索引从 start 开始直至 end（不包含 end）的子串。例如：

```
>>> w = 'hello there'
>>> w[0:5]
'hello'
>>> w[6:9]
'the'
```

　　如果省略取段运算的第二个参数，则默认第二个参数 end 为 len(w)。例如：

```
>>> w = 'hello there'
>>> w[6:]
'there'
```

如果省略取段方法的第一个参数，则默认 start=0。例如：

```
>>> w = 'hello there'
>>> w[:4]
'hell'
```

如果取段运算索引不合法，则返回索引越界信息："IndexError: string index out of range"。

【注意】 字符串是不可修改的对象，因此，如果希望用一个串得到一个新串，则必须另建这个新串。例如，w = 'hello'，如果想通过赋值 w[0]='H'将 w 修改为'Hello'，则会得到错误信息"str 对象不支持数据项赋值"。正确的方法是构造另一个值为'Hello'的字符串，例如使用串接运算（+）或者方法 capitalize()，后者返回第一个字母变成大写的字符串。例如：

```
>>> w = 'hello'
>>> w1 = 'H' + w[1:]
>>> w1
'Hello'
>>> w2 = w.capitalize()
>>> w2
'Hello'
```

2.4.5 遍历字符串和循环语句

1. 使用 for 循环语句遍历字符串

字符串属于文本序列类型，可以用 for 语句遍历字符串的每个字符。例如，逐个打印一个字符串的元素：

```
>>> w = 'hello'
>>> for c in w:
...     print(c)
h
e
l
l
o
```

注意，在解释器中直接输入循环中的 print(c) 时要缩进，否则解释器报语法错误。

例 2.1   计算字符串"hello"中元音字母的个数。

```
w = 'hello'
count = 0
for c in w :
    if c in 'aeiou':
        count += 1
print('there are', count, 'vows in', w)
```

结果输出 "there are 2 vows in hello"。

2. 使用索引和 while 循环遍历字符串

另一种逐个处理字符串的每个字符的方法是使用索引运算,分别处理 $w[0], w[1], \cdots,$ $w[n-1]$, 其中, $n = \text{len}(w)$。Python 提供了 while 循环重复一个处理命令。

令 i 表示字符串 w 的合法索引, 可以如下逐个处理 w 中的字符:

(1) 先初始化索引: $i = 0$。

(2) 当 $i < \text{len}(w)$ 时重复下列命令: 处理 $w[i]$, 然后令 i 取下一个索引, 即 $i = i+1$。

换一种表示法为

```
i = 0
while i < len(w) :
    处理 w[i]
    i = i + 1
```

这里"处理"可以转换为具体任务中的处理语句。

例 2.2　将上述伪代码中的"处理"换成 Python 打印命令, 即可打印每个字符。

```
w = 'hello'
i = 0
while i < len(w) :
    print(w[i])
    i = i + 1
```

例 2.3　将上述伪代码中的"处理"转换为"检查该字符是否元音字母, 如是则计数", 则可统计一个字符串中元音字母的个数。

```
w = 'hello'
count = 0          #记录元音字母个数
i = 0
while i < len(w) :
    if w[i] in 'aeiou':
        count = count + 1
    i = i + 1
```

例 2.4　对于给定的 n=5, 打印如下形式的图形:

```
#
##
###
####
#####
```

首先, 得到规定长度的 # 字符串的方法是用字符串的乘法 (*)。例如:

```
>>> '#'*3
'###'
```

可以如下实现:

```
n = 5
i = 1
while i <= n :
    s = '#'*i
    print(s)
    i = i + 1
```

2.4.6　字符串先后次序比较

字符串的比较按照字典顺序进行，单个字符的先后顺序与它们的 Unicode 编码大小顺序一致，后者由字符顺序函数 ord() 给出。例如:

```
>>> ord('A')
65
>>> ord('a')
97
>>> ord('1')
49
>>> ord(' ')
32
>>> 'that' < 'the'
True
>>> 'hello' < 'Hello'
False
```

2.4.7　字符串的其他常用方法

字符串类型提供了许多方法。例如，检查一个字符串是否以某个字符串开始或者结尾:

```
>>> s1 = 'hello there'
>>> s1.startswith('he')
True
>>> s1.startswith('He')
False
>>> s1.endswith('ere')
True
```

检查一个字符串是否大写、是否小写或者是否由数字组成:

```
>>> s1.islower()
True
>>> s2 = 'HELLO'
>>> s2.isupper()
True
>>> s1.isupper()
False
>>> '123'.isdigit()
True
```

将字符串转换为大写或者小写:

```
>>> s1.upper()
'HELLO THERE'
>>> s2.lower()
'hello'
```

查找子串是否存在:

```
>>> s1.find('ere')
8
>>> s1.find('there')
6
>>> s1.find('hi')
-1
```

s1.find(sub) 返回子串 sub 在 s1 中的起始索引; 如果 s1 中不存在 sub, 则返回 −1。

此外, 常用的函数还有将一个串拆分成字符串列表的方法 split()、去掉首尾空格的方法 strip() 等。

更多方法见 https://docs.python.org/3/library/。

2.5　序列类型: 多元组和列表

如何表达具有多种特征的对象, 如具有姓名、性别和年龄等属性的人? Python 提供了多元组, 如三元组 ("Gao Xing", "Male", 20) 表示一个人的信息。如何表达许多人的信息或者同类型的许多数据? 例如, 要在许多数中求最大值, 如何表示许多数呢? Python 提供了一种表达许多对象的数据类型——列表。

2.5.1　多元组

多元组 (tuple) 是由多个分量构成的, 分量之间用逗号分隔, 多元组常用圆括号括起来。对于任意类型的数据 a、b、c 等, 可以构造二元组(如 (a,b)、(a,a))、三元组(如 (a,b,c)、(a,a,a))、四元组(如 (a,b,b,a))等。多元组通常用于表示一个事物的多方面信息, 如直角坐标系的一个点以及一个人的姓名、性别和年龄等。

多元组

```
>>> person = ("Gao Xing", "Male", 20)
# 或者 person = "Gao Xing", "Male", 20
>>> print(person)
("Gao Xing", "Male", 20)
```

多元组也可以用函数 tuple() 构造, 因此称之为多元组的**构造函数** (constructor)。如果不提供参数, 则返回零元组, 否则用给定序列类型数据构造多元组。例如:

```
>>> tuple()
()
>>> tuple('Python')
```

```
('P', 'y', 't', 'h', 'o', 'n')
>>> tuple(range(3))
(0, 1, 2)
```

其中，range(3) 表示包含 0、1 和 2 这 3 个数的序列。

对于一个 n 元组 t，常用的操作是取得其中的某个分量，用 $t[i]$ 的形式表示，其中 i 是从 0 开始计算的索引值，即 i 可取 $0, 1, \cdots, n-1$。以三元组为例：

```
>>> print(person[0])
Gao Xing
>>> print(person[2])
20
```

也可用**拆包** (unpacking) 的方式获得各个分量数据。例如：

```
>>> name, sex, age = person
>>> print(name)
Gao Xing
>>> print(age)
20
```

【**注意**】 对于多元组，需要注意以下几点：

- 零元组用 "()" 表示。一元组在第一个分量后加逗号表示，如 "a," 或者 "(a,)"。
- 多元组是不可变的，即不可以修改其分量的值，或者说不可以给分量赋值，否则解释器报错。例如：

```
>>> person = ("Gao Xing", "Male", 20)
>>> person[2] = 18
Traceback (most recent call last):
  File "<stdin>", line 1, in <module>
TypeError:'tuple' object does not support item assignment
```

2.5.2 列表

一个**列表** (list) 是许多同类型对象的一个序列，用方括号将对象括起来，对象间用逗号分隔。对于任意同类型数据 a、b、c 等，可以构造 $[a]$、$[a, b]$、$[a, a]$ 和 $[a, b, c]$ 等不同长度的列表。

列表常用于表示多个同类型的数据，例如多个整数，多个字符串等。例如：

```
>>> numList = [12, 23, 34, 56]
>>> print(numList)
[12, 23 ,34, 56]
>>> type(numList)
<class 'list'>
>>> strList = ["hello","there", "world"]
>>> print(strList)
["hello", "there", "world"]
```

列表

```
>>> aList = ["Gaoxing", 23, "male"]
>>> print(aList)
["Gaoxing", 23, "male"]
```

列表也可以用函数 list() 构造，因此称之为列表的**构造函数** (constructor)。如果不提供参数，则 list() 返回空列表；如果参数是序列类型的数据，则返回序列中元素构成的列表。例如：

```
>>> list()
[]
>>> list('Python')
['P', 'y', 't', 'h', 'o', 'n']
>>> list(range(3))
[0, 1, 2]
```

【注意】　关于列表需要注意以下两点：

- Python 允许列表由不同类型的对象构成，如 aList，但这不是一种好的表示方法。
- 不含任何对象的列表称为空列表，用一对方括号（[]）表示。

列表中对象的个数称为列表的长度，用函数 len() 计算。例如：

```
>>> len(aList)
3
>>> len([])
0
```

就像两个串 s 和 t 可以串接，得到将两个串首尾相接的新字符串 $s+t$ 一样，两个列表 L1 和 L2 也可以串接，得到一个首尾相接的新列表 L1+L2。例如：

```
>>> aList = [1,2,3]
>>> bList = [3,4,5,6]
>>> aList + bList
[1, 2, 3, 3, 4, 5, 6]
```

读者可能已经注意到 + 可以用于数值相加、字符串连接和列表连接。这种用同一个符号表示不同类型的相似运算的现象叫作**重载** (overloading)，或者说运算符 + 被重载。重载现象在程序设计语言中十分普遍。事实上，在数值型、布尔型、字符串和列表等很多类型上均使用同样的比较运算符 ==、!=、<、<=、> 和 >=，也就是说，这些比较运算符均是重载的。

2.5.3　列表的基本操作

1. 列表的索引

类似于字符串，一个列表中的元素也可以用它的索引存取。列表元素的索引值从 0 开始计算，也可以从最后一个索引（−1）开始从右到左计算。如果索引不合法，则引发索引越界错误。例如：

```
>>> L = [10, 20, 30, 40]
>>> L[0]
10
>>> L[3]
40
>>> L[4]
Traceback (most recent call last):
  File "<stdin>", line 1, in <module>
IndexError: list index out of range
>>> L[-1]
40
>>> L[-4]
10
>>> L[-5]
Traceback (most recent call last):
  File "<stdin>", line 1, in <module>
IndexError: list index out of range
```

2. 在列表中添加元素

可以用 append() 方法在列表尾部添加元素，或者用 insert() 在指定位置插入元素。例如：

```
>>> L = [10, 20, 30, 40]
>>> L.append(50)     # 在尾部添加 50
>>> print(L)
[10, 20, 30, 40, 50]
>>> L.insert(2,22)   # 在索引 2 处插入 22
>>> print(L)
[10, 20, 22, 30, 40, 50]
```

3. 从列表中删除元素

列表元素的删除方法包括指定元素的删除方法 remove() 和指定位置（索引）的删除方法 pop()。L.remove(v) 将删除列表 L 中 v 的第一次出现，并返回该元素；如果 L 中不含 v，则引发值错误。L.pop(i) 删除索引为 i 的元素，可以用 L.pop() 删除最后一个元素。如果索引值不合法或者列表为空，则引发索引越界错误。

```
>>> L = [10, 20, 22, 30, 40, 50]
>>> L.remove(22)  # 删除第一个 22
>>> print(L)
[10, 20, 30, 40, 50]
>>> L.pop(0)        # 删除索引为 0 的元素，并返回该元素
10
>>> print(L)
[20, 30, 40, 50]
>>> L.remove(12)
Traceback (most recent call last):
  File "<stdin>", line 1, in <module>
ValueError: list.remove(x): x not in list
```

```
>>> L.pop(4)
Traceback (most recent call last):
  File "<stdin>", line 1, in <module>
IndexError: pop index out of range
>>> L.pop()
50
>>> L
[20, 30, 40]
```

4. 修改列表的元素

可以通过索引修改指定的列表元素。例如，下面的命令修改了列表的第一个元素和最后一个元素：

```
>>> L = [10, 20, 30, 40]
>>> L[0] = 11
>>> print(L)
[11, 20, 30, 40, 50]
>>> L[-1] = 55
>>> print(L)
[11, 20, 30, 40, 55]
```

5. 检查一个元素是否在列表中出现

检查一个元素是否在列表中出现可以用 in 运算。例如：

```
>>> L = [10, 20, 30, 40]
>>> 10 in L  # 测试 10 是否在 L 中出现
True
>>> 12 in L  # 测试 12 是否在 L 中出现
False
```

如果一个元素在列表中出现，用 index() 方法返回其第一次出现的索引。例如：

```
>>> L = [10, 20, 30, 40, 50, 20]
>>> L.index(20)  # 返回 20 在 L 中第一次出现的索引
1
```

6. 列表的排序

Python 对列表提供了排序方法 sort()，它将列表元素从小到大排序。例如：

```
>>> L = [12,23,12,19,5]
>>> L.sort()
>>> print(L)
[5, 12, 12, 19, 23]
```

如果希望列表元素从大到小排序，则在 sort() 方法中用关键字实参 reverse = True 说明。例如：

```
>>> L = [12,23,12,19,5]
>>> L.sort(reverse=True)
>>> print(L)
[23, 19, 12, 12, 5]
```

2.5.4 列表的遍历和 for 循环语句

同字符串一样，列表是一种**可遍历类型** (iterable)，即可以重复选择下一个对象，直至访问完所有的对象。例如，对于列表 L 的所有元素进行某种操作，可以使用 for 循环语句：

```
for x in L :
    ...# 对x的操作
```

例如，将列表 L 的每个元素打印出来，可以使用 for 循环语句完成：

```
>>> L1 = [12, 23, 34, 56]
>>> for x in L1 :
...     print(x)
...
12
23
34
56
```

2.5.5 获取子列表的取段运算

列表中连续的一段构成一个子列表。例如，列表 $L = [1,2,3,4,5]$ 中，$[1]$、$[3]$、$[2,3]$ 和 $[2,3,4]$ 等都构成 L 的子列表。同字符串类型相似，子列表可以用它在列表中的起始和终止索引指定，用取段（切片）运算获取。Python 用 $L[i:j]$ 表示由 $L[i]$ 到 $L[j-1]$（不包括 $L[j]$）构造的子列表。例如：

```
>>> L = [1,2,3,4,5]
>>> L[0:1]
[1]
>>> L[1:3]
[2, 3]
>>> L[1:4]
[2, 3, 4]
```

注意，$L[i:j]$ 返回 L 的子列表的**副本** (copy)，它是一个新的列表对象。如果对该子列表进行了修改，原列表并不会改变。例如，令 L1 = L[1:2]，然后对 L1 进行修改，列表 L 并没有被修改：

```
>>> L1 = L[1:2]
>>> L1
[2]
>>> L1[0] = 0
```

```
>>> L1
[0]
>>> L
[1, 2, 3, 4, 5]
```

如果在取段运算中省略第二个索引，则默认构造从第一个索引的元素开始直到最后一个元素的子列表。例如，也可以用 L[0:] 表示整个 L 的副本，用 L[*i*:] 表示从 L[*i*] 开始的子列表：

```
>>> L[0:]
[1, 2, 3, 4, 5]
>>> L[2:]
[3, 4, 5]
```

如果在取段操作中省略第一个索引，则默认构造从索引 0 开始的子列表。如果两个索引均省略，则 L[:] 表示整个列表 L 的副本。例如：

```
>>> L = [1,2,3,4,5]
>>> L[:3]
[1, 2, 3]
>>> L[:]
[1, 2, 3, 4, 5]
```

2.5.6　多元组和列表

多元组和列表是两种常用而且表达力很强的类型。它们是两种不同的类型，用于表达不同类型的数据。下面列出这两种类型的异同点。

（1）多元组一般用于表达对象的多个特性，通常由不同类型的数据构成，如一个由姓名、性别和年龄构成的三元组 ("Gao Xing", "Male", 20)；列表通常表示多个同类型的数据，如字符串列表 ['Python','Java']、表示两个人的列表 [('Gao Xing', 'M', 20),('Wang Fang', 'F', 20)]。列表的元素也可以属于不同的类型，但是使用这种列表不是好习惯。

（2）多元组和列表都是序列类型，可以相互转换。例如：

```
>>> person = ("Gao Xing", "Male", 20)
>>> print(list(person))
["Gao Xing", "Male", 20]
>>> some_ints = [1,2,3,4]
>>> print(tuple(some_ints))
(1, 2, 3, 4)
```

（3）多元组是不可变对象，但列表是可变对象（参见 2.5.9 节）。例如，对于上例执行以下命令：

多元组和列表的区别

```
>>> person[0] = "Jian Dan"
TypeError:'tuple' object does not support item assignment
>>> some_ints[0] = 10
>>> print(some_ints)
[10, 2, 3, 4]
```

（4）如果多元组的分量是可变类型，该分量仍然是可变的。例如：

```
>>> tuple_with_list = (1, 2, [3,4])
>>> tuple_with_list[2] = [3,4]
TypeError:'tuple' object does not support item assignment
>>> tuple_with_list[2][0] = 5
>>> print(tuple_with_list)
(1, 2, [5, 4])
```

2.5.7　序列

在处理数据时常常需要重复执行一个语句很多次。例如，对于一个长度为 n 的列表 L，通过 L 的索引打印列表的每个值（伪代码）：

　　for L 的每个合法索引 i：

　　　　print($L[i]$)

Python 提供了表示序列 $[0, 1, \cdots, n-1]$ 的数据对象 range(n)。例如：

```
>>> list(range(6))
[0, 1, 2, 3, 4, 5]
```

所以，以上利用列表索引打印它的每个元素的伪代码可以写成

　　for i in range(len(L)):

　　　　print(L[i])

函数 range() 的另外两种用法如下：

（1）range(start, stop)，表示序列 [start, start+1, $\cdots$, stop−1]。注意，序列不包括 stop。例如：

```
>>> list(range(1, 6))
[1, 2, 3, 4, 5]
```

（2）range(start, stop[,step]) 表示序列从 start 开始，步长为 step，一直到 stop（但不包括 stop）。例如：

```
>>> list(range(1,10,2))
[1, 3, 5, 7, 9]
```

【注意】　在 Python 文档的方法或者函数语法表示中，方括号表示可有可无。例如，range(start, stop[,step]) 表示 range 的一种用法是提供前两个参数 start 和 stop，另一种用法是提供 3 个参数 start、stop 和 step。

序列也是一种可遍历类型，即可以重复选择下一个对象的类型。

2.5.8 列表概括法

Python 提供了一种构造列表的方便方法：**列表概括法**（list comprehension，也称列表描述法）。例如，基于列表 L=[1,2,3,4,5] 可以构造由 L 中元素平方构成的列表：

```
>>> L = [1,2,3,4,5]
>>> L1 = [x**2 for x in L]
>>> L1
[1, 4, 9, 16, 25]
```

集合可以采用描述法。例如，$S' = \{x \in S | P(x)\}$ 表示集合 S' 由 S 中满足性质 $P(x)$ 的元素构成。可以用类似的方法构造一个列表。例如，构造 L 中偶数的二倍构成的列表 L2：

```
>>> L2 = [2*x for x in L if x%2==0]
>>> L2
[4, 8]
```

一般地，如果 e 是一个表达式，s 是一个序列（列表、多元组或字符串），$p(x)$ 是一个布尔型表达式，表示 s 中元素的一种性质，那么 [e for x in s if p(x)] 是一个列表描述，它定义了一个列表，该列表的元素由序列 s 中满足 $p(x)$ 的元素 x 代入表达式 e 的值构成。其中条件 if $p(x)$ 部分可以不出现。例如：

```
>>> s = 'hello'
>>> s1 = [x.upper() for x in s ]
>>> s1
['H', 'E', 'L', 'L', 'O']
>>> L3 = [(1,2),(3,4),(2,3),(5,6)]
>>> L4 = [x[0] for x in L3 if x[0]+x[1]<10]
>>> L4
[1, 3, 2]
>>> L5 = [2*x for x in range(1,10)]
>>> L5
[2, 4, 6, 8, 10, 12, 14, 16, 18]
```

列表概括法

2.5.9 可变对象和不可变对象

Python 的数据对象有 3 个属性：**值** (value)、**类型** (type) 和**身份** (identity)。一个对象的类型可以用函数 type() 查看。一个对象的身份是对象的唯一身份标识，可以用 id() 查看。

可变对象和不可变对象

例如，下面显示 x 表示数据对象的值、类型和身份。另外要注意，x+1 具有新的身份。

```
>>> x = 100
>>> x
100
>>> type(x)
```

```
<class 'int'>
>>> id(x)
140730021171968
>>> id(x+1)
140730021172000
```

Python 的数据对象分为可变和不可变两种。所谓**可变对象** (mutable) 是指对象的值或者状态可以被修改，而**不可变对象** (immutable) 的值则不可以被修改。

可变对象包括列表、字典和集合等类型的数据。例如，下面先构造一个列表 L，然后通过插入和索引运算对该列表进行修改，通过 id() 可以查看其身份。可以看到，L 的身份保持不变，即它们是同一个对象，但是其值在变化：

```
>>> L = [1,2,3]
>>> id(L)
1573692675712
>>> L.append(4)
>>> L
[1, 2, 3, 4]
>>> id(L)
1573692675712
>>> L[0] = 100
>>> L
[100, 2, 3, 4]
>>> id(L)
1573692675712
```

不可变对象包括数值类型、布尔型、字符串和多元组。例如，不可以通过索引运算修改一个字符串或者多元组的值：

```
>>> s = 'hello'
>>> s[0] = 'H'
TypeError: 'str' object does not support item assignment
>>> t = (1,2)
>>> t[0] = 10
TypeError: 'tuple' object does not support item assignment
```

不可变数据可以参加运算，但是这些运算不改变这些对象的值，而是另外构造新的对象，例如，对于上面的字符串 s 和二元组 t，可以构造新的串 s+'Python' 和新的多元组 t+(3,4)，但是通过 id() 可知 s 和 t 本身没有变：

```
>>> id(s)
1573689707888
>>> s+'Python'
'helloPython'
>>> id(s+'Python')
1573693095088
>>> id(s)
1573689707888
```

```
>>> id(t)
1573692565120
>>> t + (3,4)
(1, 2, 3, 4)
>>> id(t+(3,4))
1573693056480
>>> id(t)
1573692565120
```

　　在处理数据的过程中，往往需要根据原有数据构造新的数据。在构造新的可变数据对象时，可以在原有的对象基础上修改，也可以构造一个新对象。例如，列表 L 的副本 L[0:] 构造了一个新对象：

```
>>> L = [1, 2, 3, 4]
>>> id(L)
1573692675712
>>> L[0:]
[1, 2, 3, 4]
>>> id(L[0:])
1573692672128
```

　　再如，构造一个列表，其元素值是 L 的元素值的 2 倍。对于这个问题，可以构造一个新的列表对象 L1，特别是在不想改变原列表的时候：

```
>>> L1 = [2*x for x in L]
>>> L1
[2, 4, 6, 8]
>>> id(L1)
1573692673472
>>> L
[1, 2, 3, 4]
>>> id(L)
1573692675712
```

　　也可以通过修改 L 的每个元素得到要求的列表：

```
>>> for i in range(4):
...     L[i] = 2*L[i]
...
>>> L
[2, 4, 6, 8]
>>> id(L)
1573692675712
```

2.6　数据类型选择示例——电话号码查询算法

　　利用前面所讲的基本数据类型以及多元组和列表，可以构造任意复杂的类型。例如，二元组的列表、列表的列表、列表的二元组等。下面以设计一个电话号码查询算法为例，说明如何选择适当的数据类型表达要处理的数据。

2.6.1 需求分析

问题：设计一个电话号码查询算法，输入姓名，输出其电话号码，就像手机上的电话号码搜索功能一样。

对于一个实际问题，首先需要做一个需求分析，准确理解实际问题，明确输入是什么数据，输出是什么数据，然后设计解决问题的算法。

对于这个问题，姓名显然是一个输入。是否有其他输入呢？如果没有其他输入，似乎无从得到输出。实际上，这里还有另一个输入，就是电话号码本。

从数学的角度来讲，电话号码本可以看作一个集合，其中每个元素由姓名和电话号码构成，可以视为一个二元组，因此，电话号码本可以视为二元组的集合。

现在进一步抽象后的问题可以叙述为：给定一个姓名 name 和一个二元组的集合 phones，其中每个二元组的第一个分量表示人名，第二个分量表示电话号码，希望从集合 phones 中找到一个二元组 (x, y)，使得第一个分量 x 等于 $name$，由此可以输出对应的表示电话号码的第二个分量 y。如果 phones 中不存在这样的元素，则输出"不存在"。

那么如何由输入得到输出呢？简单地说，可以检查集合中的每个元素。如果找到满足条件的元素，则输出所需信息并终止；如果查遍所有的元素都没有找到满足条件的元素，则以查找失败告终。具体实现在集合中逐个检查元素的功能时，通常首先要确定集合的表示方法，或者说用什么样的数据来表示集合，然后描述可操作的解决方法。

2.6.2 数据结构设计

接下来需要确定输入和输出用什么类型的数据表示，或者说设计输入输出的数据结构。

姓名自然可以用字符串表示，如'高兴'。因为电话号码本是同类型元素的集合，因此可以考虑用列表表示。集合的每个元素用一个二元组表示，二元组中表示电话号码的第二个分量用整数或字符串均可，因为在这个问题中无须对第二个分量做其他操作，不妨选择用字符串，如 ('高兴', '12345678') 表示'高兴'的电话号码为'12345678'。一个包含两个人的电话号码本形如 [('高兴', '12345678'),('梅丽','23456789')]。这样一来，输出自然用字符串表示。

在确定了数据结构的基础上，便可以描述解决问题的方法了。例如，最简单的方法是仿照电话号码本上顺序查找的方法，查看列表中的每个元素是否满足条件。前面已经介绍了取得列表的每个元素的方法，以及查看每个元素是否满足要求的条件的方法。

2.6.3 算法设计

对于列表，可以依次用索引来取得每个元素，进而查看该元素是否满足条件。由此得到下面的方法。假设输入 name 是字符串，phones 是形如 (x, y) 的列表，其长度为 n：

（1）依次取出 phones 的第 i 个元素 phones[i]$(i = 0, 1, \cdots, n-1)$。然后执行以下操作：

① 如果 phones[i] 的第一个分量等于 name，则输出 phones[i] 的第二个分量，算法终止；

② 否则，检查下一个元素。

（2）如果查遍每个元素，不存在满足条件的元素，则输出"不存在"。

在以上方法的基础上，可以写出用伪代码表示的算法 2.1。

算法 2.1　　search(name, phones)

输入: name 是用字符串表示的姓名，phones 是由形如（姓名，电话号码）的二元组构成的列表，包含 n 个元素

输出: phones 中姓名等于 name 的电话号码

for $i \leftarrow 0$ **to** $n-1$ **do**
　　if 二元组 phones[i] 的第一个分量等于 name **then**
　　　　输出 phones[i] 的第二个分量
　　　　算法终止
输出 "不存在"

待读者阅读了有关函数的内容（见第 4 章）后，不难将算法 2.1 的伪代码转换为 Python 源代码（见程序 2.1）。

程序 2.1　　电话号码查询

```python
def search(name, phones):
    """
    name 是一个字符串类型的姓名，phones 是字符串二元组列表
    输出 phones 中第一个分量为 name 的二元组的第二个分量
    如果不存在这样的二元组，输出"不存在"
    """
    n = len(phones)
    for i in range(n):
        if phones[i][0] == name:
            print(name, ':', phones[i][1])
            return
    print(name, '的电话不存在')
```

2.7　映射类型：字典

数据结构字典如同日常使用的汉语字典或者英汉字典，存储字（单词）及其解释。其中，字（单词）称为关键字，对应的解释称为关键字的值。一个字典由许多不同的关键字及其对应值的有序对构成。例如，一个电话号码本可以视为一个字典，姓名是关键

字典

字，对应值是电话。对于字典常用的操作包括：查找某个关键字对应的值，添加或者删除关键字及其对应值。

2.7.1　字典的构造

字典 (dictionary) 用花括号括起来的关键字和对应值有序对（简称键值对）表示，关键字及对应值之间用冒号分隔，不同的键值对之间用逗号分隔。例如，下面是两个人及其电话号码构成的字典：

```
>>> my_dict = {"Gao Xing":222222, "Wang Bing": 333333}
```

字典 my_dict 包含两个键值对："Gao Xing" 对应的值是 222222，"Wang Bing" 对应的值是 333333。

可以用函数 dict() 将关键字和对应值的二元组列表转换为字典：

```
>>> keys = ["Gao Xing", "Wang Bing"]
>>> values = [222222, 333333]
>>> my_dict = dict(list(zip(keys, values)))
>>> print(my_dict)
{"Gao Xing":222222, "Wang Bing": 333333}
```

其中函数 zip() 将两个列表的对应元素配对，list() 将结果对象转换为这些二元组的列表。例如：

```
>>> L1 = [1,3,5,7,9]
>>> L2 = [2,4,6,8,10]
>>> list(zip(L1,L2))
[(1, 2), (3, 4), (5, 6), (7, 8), (9, 10)]
```

内置函数 dict() 用于构造一个字典，因此称为字典的**构造函数** (constructor)。

2.7.2　查看关键字的值

如要查看一个关键字 key 是否在字典 d 中，可以用 **key in d** 或者 **key not in d**。例如：

```
>>> "Gao Xing" in my_dict
True
>>> "GaoXing" in my_dict
False
>>> "GaoXing" not in my_dict
True
```

如要得到关键字 key 在字典 d 中的对应值，使用**d[key]**。如果 d 不含关键字 key，则引发关键字错误（KeyError）。例如：

```
>>> my_dict["Gao Xing"]
222222
>>> my_dict["GaoXing"]
KeyError: 'GaoXing'
```

查找关键字对应值的另一种方法是 get()，其语法为 *d*.get(key[,default])，这里方括号表示该参数可以选择。因此 get() 有两种用法：

（1）*d*.get(key) 返回关键字 key 在字典 *d* 中的值。如果字典 *d* 中不存在该关键字，则返回 None。

（2）*d*.get(key, default) 返回关键字 key 在字典 *d* 中的值。如果字典 *d* 中不存在该关键字，则返回 default。

例如：

```
>>> my_dict.get("Gao Xing")
222222
>>> my_dict.get("GaoXing")
None
>>> my_dict.get("GaoXing", [])
[]
```

2.7.3　给字典添加元素

可以用 *d*[key] = value 给字典添加一组关键字和对应值有序对，或者修改已有关键字的对应值。例如：

```
>>> my_dict["Zhen Li"] = 555555
>>> print(my_dict)
{'Gao Xing': 222222, 'Zhen Li': 555555, 'Wang Bing': 333333}
```

可以用 dict() 构造一个空字典，然后通过不断添加键值对的方法构造字典。例如：

```
>>> d = dict()
>>> d
{}
>>> d[1] = 2
>>> d[3] = 4
>>> d[5] = 6
>>> d
{1: 2, 3: 4, 5: 6}
```

2.7.4　从字典中删除元素

删除 (deletion) 字典的元素有两种基本方法：**del *d*[key]** 和 ***d*.pop(key[,default])**。前者直接删除关键字 key 及其对应值。如果字典 *d* 中不存在 key，则返回 KeyError。例如：

```
>>> del my_dict["Zhen Li"]
>>> print(my_dict)
{'Gao Xing': 222222, 'Wang Bing': 333333}
```

方法 **d.pop(key[,default])** 与 get() 方法类似，第二个参数可选。如果 *d* 中存在关键字 key，则将 key 及其对应值删除，并返回对应值；如果 *d* 中不存在 key，则返回 default（如果没有提供第二个参数，则返回 None）：

```
>>> my_dict.pop("Gao Xing", [])
222222
>>> my_dict.pop("Gao Xing", [])
[]
```

2.7.5 在字典中遍历

字典提供了方法 keys() 和 values()，分别返回字典当前包含的关键字和对应值。例如：

```
>>> my_dict.keys()
dict_keys(['Gao Xing', 'Wang Bing'])
>>> my_dict.values()
dict_values([222222, 333333])
```

这两个方法返回类似列表的对象，可以在这些对象上**遍历** (traverse)，即访问对象中的每个元素。例如：

```
>>> for k in my_dict.keys():
...     print(k, ":", my_dict[k])
...
Gao Xing : 222222
Wang Bing : 333333
```

例 2.5 给定一个字符串文本，建立一个关键字为单词，对应值为其出现次数的字典。例如，字符串 text 的文本为 "Python is a programming language and it is fun to python"，则输出为字典：

```
{'fun': 1, 'a': 1, 'python': 2, 'it': 1, 'to': 1, 'and': 1,
 'is': 2, 'language': 1, 'programming': 1}
```

这里不考虑大小写的区别。

【方法】 下面是实现的方法：

（1）将 text 转换为全部小写的字符串 words。

（2）初始化字典，d = {}。

（3）对于单词列表 words 中的每个词 w：

① 如果 w 不在字典 d 中，则在 d 上添加 (w, 1)。

② 如果 w 在字典 d 中，则 w 对应的值加 1。

(4) 打印字典 d，结束。

【代码】　不难将以上方法转换为 Python 代码：

```python
text = "Python is a programming language and it is fun to python"
text_to_lower = text.lower()
words = text_to_lower.split()
d = {}
for w in words:
    if w not in d:
        d[w] = 1
    else:
        d[w] += 1
print(d)
```

以上代码循环体常用 get() 方法完成：

```python
text = "Python is a programming language and it is fun to python"
text_to_lower = text.lower()
words = text_to_lower.split()
d = {}
for w in words:
    d[w] = d.get(w,0) + 1
print(d)
```

可以注意到，当 d 不含 w 时，d.get(w, 0) 返回 0，否则它表示 w 已经出现的次数，因此循环中的赋值语句 = 右边的表达式恰好是 w 在 d 中出现的次数。

习题

2.1　使用解释器求方程 $x^2 + 3x + 1 = 0$ 的根。请使用符号命名各个系数，例如：

```
>>> a = 1
>>> b = 3
>>> c = 1
```

然后按照下列步骤填写适当的表达式，计算判别式 d 和方程的根 x1 和 x2：

(1) 用判别式表达式 $b^2 - 4ac$ 填空（注意使用 Python 运算符），并写出 d 的值。

```
>>> d = _____
>>> d
```

注意，在赋值语句执行完成后，显示器并不显示 d 的值，需要在解释器输入 d，或者输入命令 print(d)，才能看到 d 的值。

（2）如果 $d > 0$，则可以计算方程的两个根：使用 a、b、c、d 将表示两个根 x1 和 x2 的表达式填入画线处，并写出两个根的值。

```
>>> import math
>>> x1 = _____
>>> x1
>>> x2 = _____
>>> x2
```

注意，求平方根需要使用命令 import math，然后用表达式 math.sqrt(d) 求判别式 d 的根。

2.2 使用 range(10) 和列表概括式可以构造小于 10 的自然数构成的列表。例如：

```
>>> L1 = [x for x in range(10)]
```

请按照下列步骤构造列表：

（1）用列表概括式在 L1 基础上构造列表 L2，其中每个元素是 L1 元素的 2 倍：

```
>>> L2 = _____
>>> L2
```

（2）用列表概括式构造列表 L3，其元素由 L1 中的奇数构成：

```
>>> L3 = _____
>>> L3
```

请在列表概括式中使用 if 和求模运算判断一个数是否是奇数，如x % 2 == 1。

（3）用列表概括式构造列表 L4，其元素由 L1 中的偶数构成：

```
>>> L4 = _____
>>> L4
```

请在列表概括式中使用 if 和求模运算判断一个数是否是偶数，如x % 2 == 0。

2.3 可以用列表概括法构造字符串的列表。给定列表 L1：

```
>>> L1 = ['Python', 'is', 'a', 'programming', 'language']
```

请基于 L1 构造新的列表。

（1）用列表概括式构造字符串列表 L2，其中每个元素是 L1 对应字符串的大写形式：

```
>>> L2 = _____
>>> L2
```

（2）构造字符串列表 L3，其元素由 L1 中长度大于 2 的字符串构成：

```
>>> L3 = _____
>>> L3
```

（3）构造字符串列表 L4，其元素由 L1 中包含字符'p'或者't'的字符串构成：

```
>>> L4 = _____
>>> L4
```

2.4　可以用索引运算遍历字符串。例如：

```
w = 'hello'
count = 0
for i in range(len(w)) :
    if w[i] in 'aeiou':
        count += 1
print('there are', count, 'vowels in', w)
```

请设计一段程序，计算一个字符串中字母、数字和空格的数目，并打印这些信息。例如，w='I have 18 apples.'，其中包含 11 个字母、2 个数字和 3 个空格。

2.5　给定 n 值，如 $n = 5$，编写程序打印如下图形：

```
1
22
333
4444
55555
```

分别用 for 循环和 while 循环实现。提示，如果 $i = 2$，那么 str(i) 是字符串'2'，str$(i) * i$ 可以表示'22'。

程 序 结 构

一个程序由一系列语句构成，其中的语句可分为简单语句和复合语句。简单语句包括赋值语句、输入输出语句和表达式语句等。复合语句包括条件语句和循环语句等，按照一定的方式控制简单语句的运行。

程序结构分为 3 种：顺序结构、分支结构和循环结构。

3.1 顺序结构

一个程序由一系列语句构成，程序运行时按照语句顺序逐个执行。例如，以下是包括输入、输出和赋值语句的程序：

```python
"""This is a one line docstring: Compute BMI for a person"""
""" This is a multi-line docstring:

    input weight in kg and height in m,
    compute BMI and print it out.
"""
w = float(input('type your weight in kg:')) # 提示用户输出体重
h = float(input('type your height in m:'))  # 提示用户输入身高
bmi = w / h**2                              # 计算bmi
print('Your BMI is', round(bmi,1))          # 显示结果
```

以上程序是包含 4 个简单语句的顺序结构程序。一个顺序结构程序中的语句也可以是更复杂的语句，如后面将看到的条件语句或者循环语句。

简单语句通常由一行构成。复合语句通常由多行构成。本节介绍几种常用的简单语句。

3.1.1 简单赋值语句

一个**赋值语句** (assignment statement) 的作用是设置或者修改一个变量的值，其伪代码格式为 var ← expr，在 Python 中的格式为

```python
var = expr
```

赋值语句

其中 var 是变量名，expr 是一个表达式。该语句被执行时，先计算 expr 的值，然后令 var 表示该值，或者说 var 指向 expr 表示的对象，或者说将 expr 的值绑定于 var。例如，图 3.1 表示赋值语句 x = 3 完成后，x 指向数据对象 3。

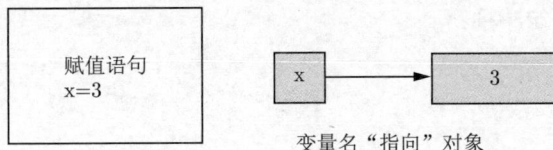

赋值语句
x=3

x → 3

变量名"指向"对象

图 3.1　赋值语句及其内存

注意，这里的 var 可以是任何符合变量命名规则的标识符。程序设计语言通常规定任何字母或者下画线开始的字母、数字和下画线构成的串都可以作为变量名，但保留字除外，而且中间不能有空格。

不同变量可以指向同一个对象，如图 3.2 所示。一个变量的值可以被重置，如图 3.3 所示。

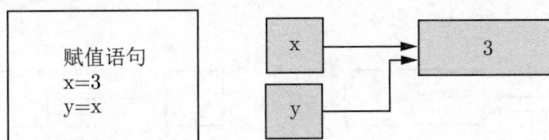

赋值语句
x=3
y=x

x → 3
y

图 3.2　不同变量指向同一个对象

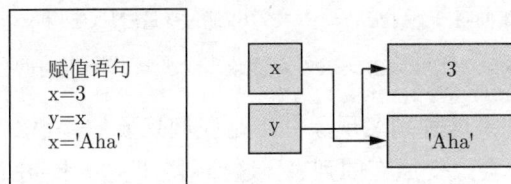

赋值语句
x=3
y=x
x='Aha'

x → 3
y → 'Aha'

图 3.3　重置一个变量的值

那么下列语句序列执行完后，变量 x 和 y 的值各是什么呢？

```
>>> x = 3
>>> y = x
>>> x = x + 1
```

结果是，x 的值为 4，y 的值仍然是 3。赋值语句 x = x + 1 并没有修改 x 原指向的对象 3，而是构造了一个新对象 4，并让 x 指向新的对象，而 y 的值不变，如图 3.4 所示。

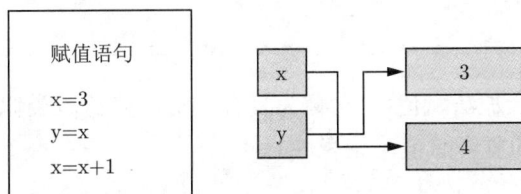

赋值语句
x=3
y=x
x=x+1

x → 3
y → 4

图 3.4　不可变对象的赋值

3.1.2 可变对象与别名

一个变量赋值给另一个变量时，两个变量指向同一个对象，称为**别名** (alias)。例如，图 3.2 中的两个变量 x 和 y 同时指向数据 3。

再看以下赋值语句序列：

```
>>> x = [1, 2, 3]
>>> y = x
>>> x[0] = 0
>>> y
[0, 2, 3]
>>> x
[0, 2, 3]
```

第二个赋值语句使得 x 和 y 同时指向可变列表对象 [1,2,3]。在这种情况下，赋值语句 x[0]= 0 修改了该对象的局部，所以，x 和 y 均指向修改后的对象。图 3.5(a) 显示第二个赋值语句 y=x 执行之后的变量状态，图 3.5(b) 显示第三个赋值语句 x[0]=0 执行之后的变量状态。

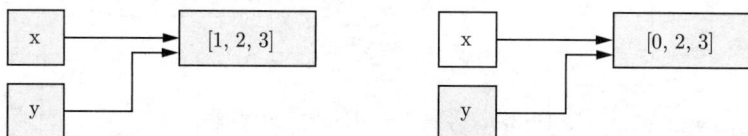

(a) 两个变量指向同一个列表   (b) 通过变量x修改了x和y共同指向的列表

图 3.5　通过一个变量可以修改多个变量共同指向的列表

需要注意的是，如果这种别名现象并不是我们想要的，那么应该使用列表的副本，使得修改列表的副本不会改变原有的列表。这种别名现象，特别是所指的对象是列表这样的可变对象时，有可能导致难以发现的错误（参见 5.1.3 节）。

3.1.3 复合赋值

形如 $x = x + e$ 的赋值语句是一种常见的形式，它在变量 x 当前值基础上加上表达式 e 的值。对于这一类赋值语句，Python 支持简化的**复合赋值**（compound assignment），或称增强赋值（augmented assignment），写为 x += e。例如：

```
>>> x = 0
>>> x += 1
>>> print(x)
1
```

赋值 x += 1 称为复合加法赋值，+= 称为复合加法运算符。类似地，对于其他的二元运算也可以使用相应的复合赋值，见表 3.1。

表 3.1　复合赋值运算

复合赋值运算符	名称	例	等效的赋值语句
+=	复合加法赋值	i += 1	i = i + 1
-=	复合减法赋值	i -= 1	i = i - 1
*=	复合乘法赋值	i *= 2	i = i*2
/=	复合浮点除法赋值	i /= 2	i = i / 2
//=	复合整数除法赋值	i //= 3	i = i // 3
%=	复合求模赋值	i %= 3	i = i % 3
**=	复合幂赋值	i **= 2	i = i ** 2

3.1.4　并行赋值

Python 支持同时给多个变量赋值，即**并行赋值** (simultaneous assignment)。例如

```
>>> x, y = 1, 2
>>> print(x)
1
>>> print(y)
2
>>> x, y = x + 1, x + y
>>> print(x)
2
>>> print(y)
3
```

并行赋值同时计算赋值号右边表达式的值，并从左到右将左边变量分别绑定对应表达式的值。

并行赋值还可以用于交换两个变量的值。例如：

```
>>> x, y = 1, 2
>>> y, x = x, y
>>> print(x,y)
2 1
```

3.1.5　输入和输出语句

输入、输出和赋值是几个最简单的语句。输入语句 input() 用于接收用户在键盘输入的信息，其语法为

```
input([prompt])
```

语法中的方括号 [] 表示其中的实参是可选的，即 input() 可以不带参数，也可以带参数。如果带参数，该参数是一个字符串，用于提示（prompt）用户输入。在执行 input() 时，系统等待用户从键盘输入，直至用户按回车键，然后函数将用户输入的字符串返回，即函数 input() 的返回值是用户输入的字符串（不包括回车符）。例如：

```
>>> name = input('What is your name:')
What is your name: 高兴
```

```
>>> name
' 高兴'
>>> age = input('How old are you:')
How old are you:20
>>> age
'20'
```

注意，age 是一个字符串。但是，这里希望 age 的类型为 int，所以，通常在 input() 外嵌套转换函数 int()：

```
>>> age = int(input('How old are you:'))
How old are you:20
>>> age
20
```

输出语句 print() 用于将信息显示到屏幕上。

输出语句 print() 的语法为

```
print(*objects, sep=' ', end='\n', file=sys.stdout, flush=False)
```

它表示 print() 可以有多个打印参数 (*object 表示可以提供多个实参)，后面的 4 个实参可以省略。如果省略，则将其中的输出参数逐个输出到标准输出文件（即屏幕，file=sys.stdout），两个单引号中间用空格分离 (sep=' ')，最后换行(end='\n')。例如，用一个 print() 打印多个参数信息：

```
>>> name = ' 高兴'
>>> print('My name is', name, "and I'm", 20)
My name is 高兴 and I'm 20
```

也可以改变分隔符。例如：

```
>>> name = ' 高兴'
>>> print('My name is',name, "and I'm", 20,sep=' : ')
My name is : 高兴 : and I'm : 20
```

可以用多个 print() 语句打印参数信息。例如：

```
>>> name = ' 高兴'
>>> print('My name is'); print(name)
My name is
高兴
```

其中语句后的分号表示一个语句结束，这里用于表示连续执行两个语句。

可以看到，两个 print() 语句分别打印在两行。如果希望将两个 print() 的信息显示在同一行，可以改变命名参数 end 的值。例如：

```
>>> name = ' 高兴'
>>> print('My name is',end=' '); print(name)
My name is 高兴
```

【注意】 Python 中的许多函数和方法都可以带不同个数的参数，即同一个名有不同用法，如这里的 input() 和 print()、第 2 章的函数 range()、字典上的查找方法 get() 和删除方法 pop() 等。在程序设计中，这种用同一个名实现不同用法的方法称为**重载** (overloading)。

3.1.6 表达式语句

表达式语句 (expression statement) 由一个或者多个表达式构成，表达式之间用逗号分隔。例如，小海龟作图的命令：

```
turtle.penup(), turtle.forward(100)
```

表达式语句中，每个表达式通常是一个方法或者函数的调用，其目的是完成某个操作，而不是计算一个值（如 math.sqrt() 只是计算一个值）。主要任务是完成某种操作而不是计算一个值的函数也称为**过程** (procedure)。表达式语句通常用于过程调用。

3.2 分支结构

分支结构用于控制在不同的条件下执行不同的语句。分支结构包括单分支 if、双分支 if-else 和多分支 if-elif-else 等条件语句。

分支结构

3.2.1 if 语句

如果只有在某种条件 be 满足时才执行 S1，则使用 if 条件语句。图 3.6 给出带上下文的 if 语句的一般形式和**程序框图**（flowchart，也称程序运行流程图，简称流程图），即条件语句前后分别添加了语句 S0 和 S2。条件语句中 be 是一个布尔表达式，S0、S1 和 S2 是一个语句或者多个语句构成的语句块。只有在表达式 be 的值计算为 True 时，S1 才会执行。S1 由多个语句构成时，要缩进左对齐。

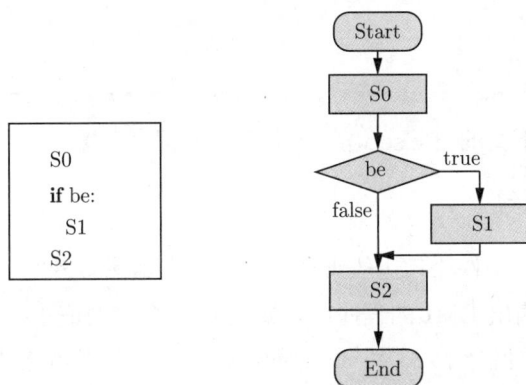

图 3.6　带上下文的 if 语句的一般形式和程序框图

例如，设计一个程序，输入一个人的体重和身高，然后输出其 BMI。如果 BMI 小于 25，则输出"体重正常"字样，见程序 3.1。

程序 3.1　计算 BMI

```
weight = float(input('Input your weight (kg):'))
height = float(input('Input your height(m):'))
bmi = weight / height**2
print('Your BMI is',round(bmi,2))
if bmi < 25:
    print('体重正常')
```

尝试输入不同的体重和身高，查看其运行结果。

【注意】　Python 解释器默认脚本使用编码 UTF-8 存储。在存储脚本时应选择编码 UTF-8，以便解释器正确识别汉字。否则，对于包含汉字的脚本，Python 解释器可能报错，如 "SyntaxError: Non-UTF-8 code starting with ... , but no encoding declared"。一种解决方法是重新用 UTF-8 编码存储文件，另一种解决方法是在脚本第一行用注释说明脚本编码，如 #coding=gbk。

3.2.2　if-else 语句

在计算并输出 BMI 的程序中，如果 bmi 变量的值小于 25，则输出"体重正常"，否则输出"有点超重哦:-)"，见程序 3.2。

程序 3.2　计算 BMI

```
weight = float(input('Input your weight(kg):'))
height = float(input('Input your height(m):'))
bmi = weight / height**2
print('Your BMI is',round(bmi,2))
if bmi < 25:
    print('体重正常')
else:
    print('有点超重哦:-)')
```

图 3.7 给出带上下文的 if-else 语句一般形式和程序框图。

3.2.3　if-elif-else 语句

带上下文的多分支条件语句一般形式和程序框图如图 3.8 所示。

例如，在计算并输出 BMI 的程序中，如果 bmi 变量的值小于 25，则输出"体重正常"；如果 bmi 变量的值介于 25 和 30 之间，则输出"有点超重哦:-)"；如果 bmi 变量的值大于 30，则输出"严重超重哦:-)"：

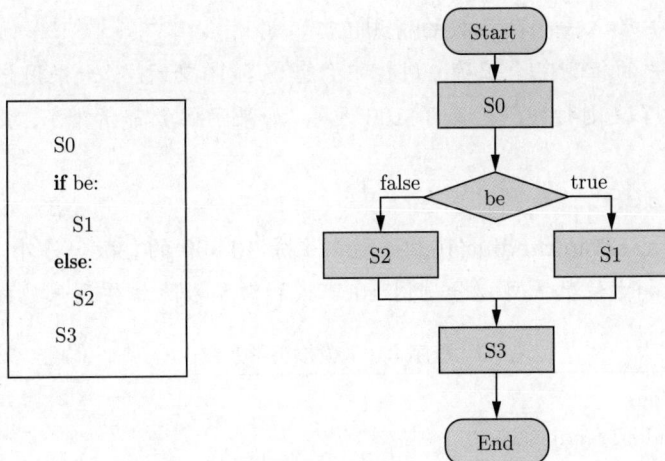

图 3.7　带上下文的 if-else 语句的一般形式和程序框图

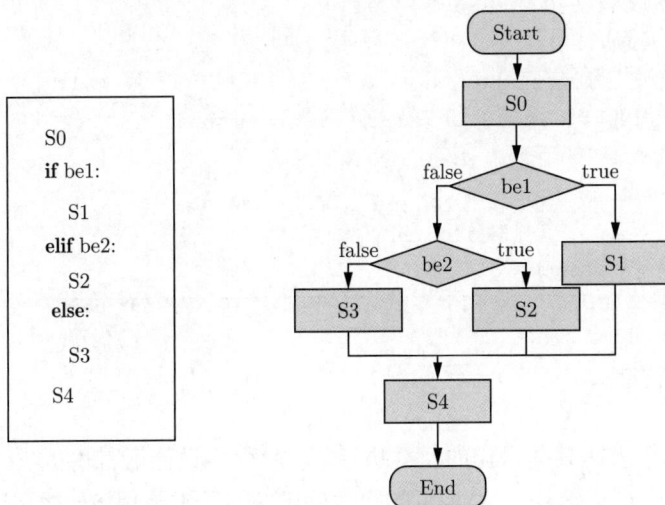

图 3.8　带上下文的 if-elif-else 语句的一般形式和程序框图

```
weight = float(input('Input your weight(kg):'))
height = float(input('Input your height(m):'))
bmi = weight / height**2
print('Your BMI is',round(bmi,2))
if bmi < 25:
    print('体重正常')
elif bmi < 30:
    print('有点超重哦:-)')
else:
    print('严重超重哦:-)')
```

例 3.1　编写模拟买彩票的程序。

(1) 随机生成一个两位数，可用 random 模块的 randint(10,99) 生成。

（2）提示用户输入一个两位数的猜测值。

（3）如果用户的猜测完全正确，则打印"您赢了10万元"；如果用户十位数猜对了，或者个位数猜对了，则打印"您赢了100元"；如果两位数都猜错了，则打印"您没有对上任何数"。

（4）打印随机数。

这里可以用 random.randint(10,99) 随机生成 10~99 的整数。另外，要取得一个两位整数的个位数和十位数，可以分别用 10 取模和做整数除法得到，见程序 3.3。

程序 3.3   模拟买彩票

```python
import random
answer = random.randint(10,99)
guess = int(input('Input some int (10−99):'))
answer0 = answer % 10          # 随机数的个位
answer1 = answer // 10         # 随机数的十位
if guess == answer:
    print('您赢了 10 万元')
elif (guess % 10 == answer0) or (guess // 10== answer1):
    print('您赢了 100 元')
else:
    print('您没有对上任何数')
print('秘密数是',answer)
```

彩票程序
(例3.1)

3.3   循环结构

循环语句用于表达某些语句的反复执行。一般程序设计语言均提供两种表示循环的语句：for 循环和 while 循环。当重复的次数确定时，通常使用 for 循环语句；当重复的条件确定时，通常使用 while 循环语句。

循环结构

3.3.1   for 循环语句

for 循环语句用于表达重复执行某个语句（块）一定的次数。for 循环伪代码与 Python 代码对照见表 3.2。

表 3.2   for 循环伪代码和 Python 代码对照

伪代码	Python 代码	说明
for $i \leftarrow 0$ to $n-1$ S	for i in range(n): S	注意 Python 代码中的冒号； 循环体 S 要缩进并左对齐

例如，打印下面的图形：

#####

#####

```
#####
#####
```

完成这个任务的算法是

```
重复执行下列语句4次:
    打印 "#####"
```

或者（$n=4$）

```
for i = 0 to n-1:
    打印 "#####"
```

所以，Python 程序可以写成

```
for i in range(4):  # i分别取0、1、2、3这4个值
    print("#####")
```

再如，打印 1~10 各数的平方:

```
for i in range(1,11):
    print(i, '*', i, '=', i ** 2)
```

输出结果如下:

```
1 * 1 = 1
2 * 2 = 4
3 * 3 = 9
4 * 4 = 16
5 * 5 = 25
6 * 6 = 36
7 * 7 = 49
8 * 8 = 64
9 * 9 = 81
10 * 10 = 100
```

for 语句的一般形式和程序框图如图 3.9 所示。

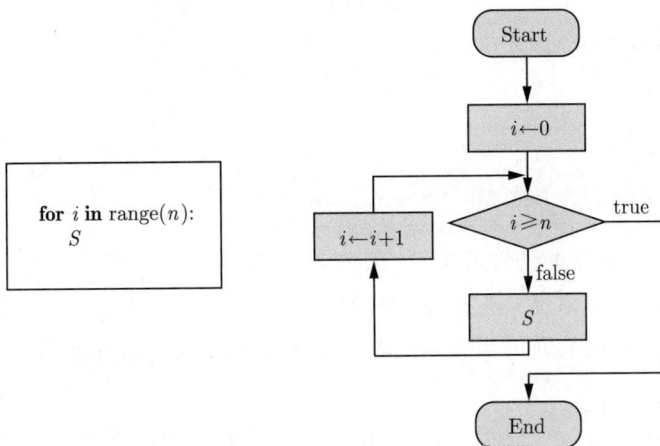

图 3.9　for 语句的一般形式和程序框图

例 3.2 设计一段求第 n 个斐波那契数的程序。输入是 n，输出斐波那契数列 $f_0 = 0, f_1 = 1, f_2 = 1, f_3 = 2, f_4 = 3, \cdots$ 中的 f_n。

【方法】 将以上迭代计算方法写成算法。

计算的方法是：每次将现有的两个数相加，得到下一个数：如果用两个变量 f_1 和 f_2 分别表示当前计算出的两个斐波那契数，那么下一个数是 $f_3 = f_1 + f_2$。为了重复这个关键步骤，需要每次都用 f_1 和 f_2 分别表示当前计算出的两个斐波那契数，因此，在完成计算 $f_3 = f_1 + f_2$ 后，需要用 f_1 存储 f_2 的值，f_2 存储 f_3 的值，并重复这个过程，直至求得所需的值。

【算法】 由此得到算法 3.1。

算法 3.1 fib(n)

输入: $n \geqslant 2$ 是一个整数

输出: 输出第 n 个斐波那契数

> $f_1 \leftarrow 0$
> $f_2 \leftarrow 1$
> **for** $i \leftarrow 1$ **to** $n-1$ **do**
>> $f_3 \leftarrow f_1 + f_2$
>> $f_1 \leftarrow f_2$
>> $f_2 \leftarrow f_3$
> 输出 f_3

斐波那契数(例3.2)

【代码】 对于这种形式的伪代码，在学习 Python 函数之后，很容易将其转换为 Python 函数。在使用自定义函数之前，我们只用 Python 函数表达算法，并在算法的第一个语句之前设置输入参数。例如，通过赋值语句或者输入语句 input() 设置输入参数。由此得到程序 3.4。

程序 3.4　求第 n 个斐波那契数

```
n = int(input("输入整数："))
f1 = 0
f2 = 1
for i in range(1,n):
    f3 = f1+f2
    f1 = f2
    f2 = f3
print("第"+ str(n) +"个斐波那契数：", f3)
```

【注意】 程序设计中经常用**迭代** (iteration) 这个术语。类似于数学上的迭代公式，它表示重复某种操作有限次，直至得到所需的数据。迭代也泛指循环。使用迭代设计算法时，最关键的是说明重复的操作以及重复的次数或者重复的条件。

3.3.2 while 循环语句

如果需要在一定的条件下重复执行一个或者一组语句，可以使用 while 循环语句。

while 循环伪代码与 Python 代码对照见表 3.3。

表 3.3　while 循环伪代码和 Python 代码对照

伪代码	Python 代码	说明
while condition S	while condition: S	注意 Python 代码中的冒号； 循环体 S 要缩进并左对齐

while 循环语句的一般形式和程序框图如图 3.10 所示。

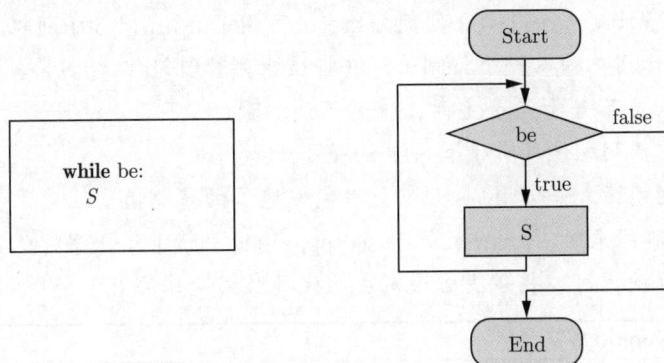

图 3.10　while 循环语句的一般形式和程序框图

例如，输出 1 至 10 的平方根：

```
import math
i = 1
while i <= 10:
    print('squre root of ', i, 'is', round(math.sqrt(i), 2))
    i = i + 1
```

输出结果如下：

```
squre root of  1 is 1.0
squre root of  2 is 1.41
squre root of  3 is 1.73
squre root of  4 is 2.0
squre root of  5 is 2.24
squre root of  6 is 2.45
squre root of  7 is 2.65
squre root of  8 is 2.83
squre root of  9 is 3.0
squre root of  10 is 3.16
```

需要特别注意的是，while 循环中应该保证循环变量的值不断变化，在有限步后使得循环条件不成立，因此终止循环语句。例如，上例中的循环变量 i，如果循环体中没有语句 i = i + 1，则每次循环后 i 的值 1 保持不变，因此出现无限循环。

例 3.3 猜数游戏。

问题陈述如下：

（1）程序秘密设定一个 1～50 的数 secret。

（2）程序提示用户输入一个猜测值 answer。

（3）如果 answer 等于 secret，则程序结束，输出"猜中了"字样；否则提示用户猜测的值是大于 secret 还是小于 secret，让用户继续猜，直至猜中。

【方法】 将以上陈述进一步细化：

（1）程序秘密设定一个 1～50 的数 secret，可用 randint(1,50) 随机生成。

（2）程序提示用户输入一个猜测值，并将该输入数值记作 answer。

（3）当 answer 不等于 secret 时，重复下列步骤：

① 提示用户猜测的值是大于 secret 还是小于 secret。

② 让用户继续猜，并仍用 answer 记录用户输入的猜测值。

（4）以上循环结束时，answer 等于 secret，输出"猜中了"字样，程序结束。

【算法】 至此，可以将以上方法写成伪代码形式的算法 3.2。

算法 3.2 guessNumber()

---

secret ← randint(1, 50)　　　　//生成一个 1～50 的秘密数
answer ← 读取用户的猜测值
while answer ≠ secret **do**
　if answer > secret **then**
　　输出提示信息"猜的大了"
　else
　　输出提示信息"猜的小了"
　answer ← 用户的猜测值
输出信息 "猜中了"

注意，这里重复猜测的次数是不确定的，但是重复的条件是确定的，即当且仅当猜测值等于秘密值的时候才结束猜测，因此使用 while 循环。

【代码】 算法 3.2 的实现见程序 3.5。

猜数游戏
(例3.3)

程序 3.5　猜数游戏

```python
import random
secret = random.randint(1,50)
answer = int(input("输入一个 1～50 的整数: "))
while answer != secret:
    if answer > secret:
        print("您这次的猜测大了")
    else:
        print("您这次的猜测小了")
    answer = int(input("请再输入一个 1～50 的整数: "))
print("您猜中了！是",secret)
```

例 3.4 用猜数的方法求一个数的平方根，如 $\sqrt{2}$。

【方法】 首先，已知 $1 < \sqrt{2} < 3$，或者说 $\sqrt{2} \in (a, b)$，其中 $a = 1, b = 3$。第一次猜区间 (a, b) 的中点 $c = (a + b)/2$。如果 $c^2 > 2$，则说明 2 的平方根介于 a 和 c 之间，因此到区间 (a, c) 上接着猜；如果 $c^2 < 2$，则到区间 (c, b) 上接着猜。重复这个过程，直至包含 $\sqrt{2}$ 的区间足够小，或者足够精确时，则可取最后一个包含 $\sqrt{2}$ 的区间中点作为近似值。

将以上求 $\sqrt{2}$ 近似值的二分猜测法进一步细化如下：

(1) 设定初始包含 $\sqrt{2}$ 的区间 (a, b) 为 $(1, 3)$。

(2) 设定一个精度：$e = 0.001$。

(3) 重复下列步骤，直至 $|b - a| < e$：

① 取区间 (a, b) 的中点 $c = (a + b)/2$。

② 如果 $c^2 > 2$，则到区间 (a, c) 上接着猜，即 $(a, b) = (a, c)$。

③ 如果 $c^2 < 2$，则到区间 (c, b) 上接着猜，即 $(a, b) = (c, b)$。

(4) 取区间 (a, b) 的中点 $c = (a + b)/2$ 作为 $\sqrt{2}$ 的近似值。

表达循环的关键在于每次循环都用 (a, b) 表达 2 的平方根所在的区间。

【算法】 现在可以将以上方法写成伪代码形式的算法（见算法 3.3）。同样，因为循环的次数不确定，但是循环条件确定，因此使用 while 循环。

算法 3.3　my_sqrt()

输出：计算 2 的近似平方根

$(a, b) \leftarrow (1, 3)$

$e \leftarrow 0.001$

while $|b - a| \geqslant e$ **do**

　　$c \leftarrow (a + b)/2$

　　if $c^2 > 2$ **then**

　　　　$(a, b) \leftarrow (a, c)$

　　else

　　　　$(a, b) \leftarrow (c, b)$

输出近似值 $(a + b)/2$

【代码】 容易将算法 3.3 转换为程序 3.6。

程序 3.6　计算 2 的平方根

```python
"""Find square root of 2 with precision e"""
e = 0.001                  # 精度
a, b = 1.0, 3.0            # 初始区间
while abs(b-a) >= e:
    c = (a + b) / 2
    if c**2 > 2:
        a, b = a, c
    else:
```

程序 3.6 (续表)

```
        a, b = c, b
c = (a + b) / 2
print("2 的平方根近似值：", c)
# 运行结果为"2 的平方根近似值：1.41455078125"
```

这里用到了并行赋值，即多个赋值语句同时进行：计算赋值语句右边的表达式，然后将其同时赋值给左边的变量。

求平方根收敛最快的方法是牛顿-拉弗森（Newton-Raphson）公式，见习题 3.9。

3.3.3 循环的控制：break 和 continue

在循环体中，可能需要依据某个条件调整循环执行的逻辑。例如，中断循环，或者结束本次循环，进入下一次循环。break 语句将中断包含该语句的循环，转去执行循环语句后的语句。例如：

```
for i in range(1, 10):
    if i ** 2 <= 5:
        print(i ** 2)
    else:
        break
print('break goes to here')
print('i = ', i)
```

在上面代码中，for 循环语句后的第一个语句是与 for 对齐的第一个 print()，因此程序输出结果如下：

```
1
4
break goes to here
i =  3
```

语句 continue 将结束本次循环，并进入下一次循环，即跳过本次循环的剩余语句，进入下一次循环。例如：

```
for i in range(1, 10):
    if i % 2 == 0:
        print(i)
    else:
        continue
    print('current i =', i)
```

在以上代码中，当 i 取奇数时 if 条件不成立，因此跳过条件语句后的 print 语句，进入下一次循环，输出结果如下：

```
2
current i = 2
4
current i = 4
6
current i = 6
8
current i = 8
```

有的算法可能完成循环后终止，也可能在循环过程中终止，即算法有两个出口，例如算法 1.2。对于这种情况，可以使用 Python 的带 else 的 while 循环：

```
while condition:
    S1
else:
    S2
```

其中循环条件 condition 成立时执行语句 S1，不成立时执行 S2。如果语句块 S1 包含 break 语句，则执行 break 后终止循环，不再执行语句 S2。

循环可能有两种终止方式（在循环体中终止和在循环条件不成立后终止），中间可能终止的 while 循环伪代码和 Python 代码对照见表 3.4。

表 3.4　中间可能终止的 while 循环伪代码和 Python 代码对照表

伪代码	Python 代码	说明

while condition1
　S1
　if conditon2
　　S2
　　STOP
　S3
S4
	while condition1:
	　S1
	　if condition2:
	　　S2
	　　break
	　S3
	else:
	　S4
		注意 Python 代码中的冒号；
		语句块要缩进并左对齐

例 3.5　判断任意一个正整数是否素数。

【方法】　判断一个正整数 n 是否素数的基本方法：依次检查 $2, 3, \cdots, n-1$ 是否为 n 的因子，如果其中一个数是因子，则输出"合数"并终止，否则输出"素数"并终止。

【算法】　循环选择 for 和 while 均可。本例的算法如算法 3.4 所示。

【代码】　因为算法可能在检查到因子时终止，而且不执行 while 循环后的语句，因此使用了带 else 的循环。将算法转换为带 else 的循环的 Python 代码见程序 3.7。

判断素数
(例3.5)

程序 3.7　判断一个正整数是否素数的代码

```
n = int(input('input some int:'))
factor = 2
```

程序 3.7 (续表)

```
while (factor < n):
    if (n % factor == 0):
        print(n, 'is not a prime')
        break
    else:
        factor += 1
    else:
        print(n, 'is a prime')
```

算法 3.4　　isPrime(n)

输入：n 是正整数，$n \geqslant 2$

输出：如果 n 是素数，则输出"素数"，否则输出"合数"

factor $\leftarrow 2$

while factor $\leqslant n - 1$ **do**

　　if $n\%$factor $= 0$ **then**

　　　　输出"合数"

　　　　算法终止

　　else

　　　　factor $\leftarrow$ factor $+ 1$

输出 "素数"

对于以上判断素数的例子，另一种方法是设置一个布尔型标记变量 is_prime，根据该变量的值决定是否结束循环以及循环结束后执行的语句。例如，程序 3.8 中，将变量 is_prime 初始化为 True。在检测 n 是否有因子的循环中，一旦发现有因子，则将 is_prime 置为 False，并终止循环（break）。在循环之后，根据 is_prime 的值打印相应信息。

程序 3.8　　使用一个布尔标记判断一个正整数是否素数的代码

```
n = int(input('input some int:'))
factor = 2
is_prime = True
while (factor < n):
    if (n % factor == 0):
        is_prime = False
        break
    else:
        factor += 1
if is_prime:
    print(n, 'is a prime')
else:
    print(n, 'is not a prime')
```

3.3.4　循环嵌套

循环可以嵌套，即循环体中的语句也可以是一个 for 循环或者 while 循环。

例如，打印如图 3.11 所示的九九乘法表，可以使用如下代码：

```
for i in range(1,10):
    for j in range(1,10):
        print(format(i * j, '4d'), end = ' ')
    print()
```

其中外循环的循环体包含两个语句，第一个语句也是一个 for 循环，第二个语句是一个简单的 print 语句。外循环控制行，内循环打印各行信息。

1	2	3	4	5	6	7	8	9
2	4	6	8	10	12	14	16	18
3	6	9	12	15	18	21	24	27
4	8	12	16	20	24	28	32	36
5	10	15	20	25	30	35	40	45
6	12	18	24	30	36	42	48	54
7	14	21	28	35	42	49	56	63
8	16	24	32	40	48	56	64	72
9	18	27	36	45	54	63	72	81

图 3.11　九九乘法表

循环嵌套

为了将每 9 个乘积显示在同一行，并各列对齐，需要说明各个乘积占用的宽度。这里使用了**格式**（formatting）**函数** format(value, format_spec)。其中，第一个参数 value 表示打印的值；第二个参数 format_spec 是字符串，表示打印格式，包括对齐方式、占用宽度、精度和类型等。这里，format(i * j, '>4d') 表示乘积 i * j 将占 4 位，右对齐（用 > 表示），d 表示第一参数的类型是整数。下面给出打印数值和字符串的典型例子：

- 打印整数 123456（用 d 表示整数类型），左对齐（用 < 表示），占用 10 位，空白位置用#填充：

```
>>> print(format(123456,'#<10d'))
123456####
```

- 打印浮点数 123.456（用 f 表示浮点数类型），右对齐（用 > 表示），占用 10 位，其中小数点后保留 2 位 (用.2 表示)：

```
>>> print(format(123.456,'>10.2f'))
    123.46
```

打印数值右对齐时，可以省去对齐符号 >。

- 打印字符串'Python Programming'（用 s 表示字符串类型），居中对齐（用^表示），占用 30 位：

```
>>> print(format('Python Programming', '^30s'))
      Python Programming
```

此外，打印语句中的 end 参数表示该打印语句末尾不换行，而是用一个空格结尾。这样便可以用内循环将九个乘积输出在同一行，外循环的第二个语句 print() 达到换行目的。

如果在九九乘法表外围打印一些装饰，则可以产生更完整、美观的九九乘法表。例如：

```
print(format("九九乘法表\n", '^40s'))   # 标题字符串居中
print("i*j | ", end = '')
for j in range(1, 10):
    print("  ", j, end = ' ')          # 打印表头
print()                                # 换行
print("-"*50)

# 显示乘法表
for i in range(1, 10):
    print(format(i, '2d'), " |", end = ' ')
    # 内循环将9个乘积显示在同一行
    for j in range(1, 10):
        print(format(i * j, '4d'), end = ' ')
    print()                            # 换行
```

以上程序打印数值时采用右对齐格式，因此省去了右对齐符号 >。程序输出见图 3.12。

九九乘法表

```
i*j |   1    2    3    4    5    6    7    8    9
--------------------------------------------------
 1  |   1    2    3    4    5    6    7    8    9
 2  |   2    4    6    8   10   12   14   16   18
 3  |   3    6    9   12   15   18   21   24   27
 4  |   4    8   12   16   20   24   28   32   36
 5  |   5   10   15   20   25   30   35   40   45
 6  |   6   12   18   24   30   36   42   48   54
 7  |   7   14   21   28   35   42   49   56   63
 8  |   8   16   24   32   40   48   56   64   72
 9  |   9   18   27   36   45   54   63   72   81
```

图 3.12   加上行列号的九九乘法表

习题

3.1   设计一个计算一元二次方程 $ax^2 + bx + c = 0$ 的根的程序。输入分别是 3 个实数 a、b 和 c，根据判定式打印两个实根，或者打印"不存在实根"。

3.2 设计程序，用户输入一个课程成绩（score），程序根据表 3.5 判断并输出等级。

表 3.5 成绩范围与等级

成绩范围	等级
score ≥ 90	A
80 ≤ score < 90	B
70 ≤ score < 80	C
60 ≤ score < 70	D
score < 60	F

3.3 参照《中华人民共和国个人所得税法》最新个人所得税率，设计一个计算个人所得税的程序。

3.4 编写程序打印每边由 n 个 * 构成的菱形图案。要求第一个语句给变量 n 赋一个初值，例如：

n = 10

接下来的语句将直接使用 n，而不是使用 10，这样只需要修改此赋值语句右边的常数即可打印每边由任意 n 个 * 构成的菱形图案。

3.5 分别用 for 和 while 循环编写一段程序，判断一个正整数是否素数。要求：提示用户输入一个正整数，然后打印该数是否素数的信息。

3.6 编写程序，对于任意给定的正整数 n，在 turtle 中画出正 n 边形。类似于习题 3.4，要求第一个语句给 n 赋一个具体的值，如 $n = 5$，接下来的语句将使用 n 而不是具体的值（如 5）表达角度，这样只需修改第一个赋值语句右边的数值，即可画出指定的正 n 边形。

提示：正 n 边形内角和为 $180(n-2)$，由此可计算每个内角及外角度数。

3.7 设计一个模拟猜拳（石头剪刀布）的游戏模拟程序。设想有两个玩家，每个玩家（随机）出一个手势，由程序判断这一轮谁赢。然后让玩家继续出手势，直至分出胜负，例如三局两胜。

例如，程序的输出可能是这样的：

玩家 A 出"剪刀"

玩家 B 出"布"

玩家 A 胜，1-0

玩家 A 出"剪刀"

玩家 B 出"布"

玩家 A 胜，2-0

玩家 A 出"剪刀"

玩家 B 出"剪刀"

平手，2-0

玩家 A 出"剪刀"

玩家 B 出"石头"

玩家 B 胜，2-1

玩家 A 出"剪刀"

玩家 B 出"布"

玩家 A 胜，3-1

结束

请先把模拟程序的方法详细写下来，写出算法的形式，最后再写出 Python 代码。

提示：可以用 0、1 和 2 分别表示"石头""剪刀"和"布"。如果 $a=b$，则为平手，如果 $(a+1)\%3=b$，则 a 胜 b，否则 b 胜 a。如果分别用 pa 和 pb 表示两个玩家的得分，那么可以使用 while 循环控制出手次数，循环终止的条件是 pa $=3$ 或者 pb $=3$。

3.8　设计让机器模拟用户猜数的程序，并打印整个猜数过程。也不妨设想是两个玩家，玩家 A 设定了一个秘密值，然后让玩家 B 来猜。如果 B 猜中，则结束；否则 A 给出提示，B 继续猜。例如，过程可能是这样的：

(1) 玩家 A 设定了一个秘密整数值 secret，如 $1 \leqslant \text{secret} \leqslant 50$。

(2) 玩家 A 提示玩家 B 输入一个猜测值。

(3) 玩家 B 根据边界值 1 和 50 猜一个值 answer。

(4) 玩家 A 判断玩家 B 猜测的值是否正确，即 answer $==$ secret 是否为 True。如果正确，则打印"猜中了！"，程序结束；否则，玩家 A 给出提示信息，让玩家 B 继续猜，直至 B 猜中为止。

例如，模拟输出的信息可能是这样的：

玩家 A：请输入一个 1~50 的值：

玩家 B：是 25 吗？

玩家 A：过大了

玩家 B：是 16 吗？

玩家 A：过大了

玩家 B：是 10 吗？

玩家 A：过小了

玩家 B：是 13 吗？

玩家 A：恭喜，猜中了。

3.9　用牛顿-拉弗森公式求平方根是一种收敛很快的迭代方法。求 r 的平方根的牛顿-拉弗森迭代公式为

$$x_{n+1} = (x_n + r/x_n)/2$$

例如，求 $r=3$ 的平方根的迭代方法如下：

```
>>> r = 3
>>> x0 = 1  # 迭代初值
```

```
>>> x1 = (x0 + r/x0)/2
>>> x1
2.0
>>> x2 = (x1 + r/x1)/2
>>> x2
1.75
>>> x3 = (x2 + r/x2)/2
>>> x3
1.7321428571428572
>>> x4 = (x3 + r/x3)/2
>>> x4
1.7320508100147274
```

请用以上迭代方法实现求平方根近似值的函数。要求步骤如下：

（1）读取一个表示精度的正实数，记作 e。

（2）读取求平方根的正实数，记作 r。

（3）迭代求 r 的平方根，直至两个相邻迭代值 x0 和 x1 之差的绝对值小于 e。

（4）打印近似值：print(round(x1, 2))。

3.10 设计程序，对于一个给定字符串，如 s = 'where there is a will there is a way'，程序打印出所有不同单词及其出现次数。例如对于此例，输出为

```
where 1
there 2
is 2
a 2
will 1
way 1
```

单词排列的先后顺序不重要。提示：先将 s 用 split() 方法分解为单词列表，然后遍历列表构造单词及其出现次数的字典，最后打印字典。

3.11 修改习题 3.10 的程序，使得打印的单词按照字典序出现，例如

```
a 2
is 2
there 2
way 1
where 1
will 1
```

提示：在字典 d 的基础上，取得关键字单词构成的列表 list(d.keys())，然后对列表排序，最后遍历列表，打印列表元素在字典中的对应值。

3.12 设计一个输出 *99 Bottles of Beer* 歌词的程序，歌词如下：

```
Ninety-nine bottles of beer on the wall,
Ninety-nine bottles of beer!
```

```
Take one down,
Pass it around,
Ninety-eight bottles of beer on the wall!

Ninety-eight bottles of beer on the wall,
Ninety-eight bottles of beer!
Take one down,
Pass it around,
Ninety-seven bottles of beer on the wall!
...
One bottle of beer on the wall,
One bottle of beer!
Take it down,
Pass it around,
No more bottles of beer on the wall!
```

注意，中间重复的句子被省略了。

函　数

4.1　函数的概念

在程序设计语言中，一个算法可以定义为一个函数。一般地，一段完成特定任务的代码均可以被定义为一个函数，在需要完成相应任务的时候，只需要用一个函数调用语句，给函数传递相应的输入数据即可。

在程序设计中，一个任务往往可以分解成多个子任务，每个子任务可以用一个算法实现，所以解决原问题的算法可以通过调用解决子任务的算法实现。因此，使用函数定义和函数调用可以降低程序的复杂度。另一方面，一个函数可以在多个地方使用，这样便实现了代码的可重用性，提高了程序设计效率。所以，使用函数机制既可以降低软件复杂度，也可提高代码的可重用性。

4.1.1　什么是函数

前面已经使用了 Python 提供的很多内置函数，如 abs() 和 print()，可以直接使用 abs(-10) 和 print("I ' m", 20) 这样的表达式，或者说可以直接调用这些函数，其中括号内的数据称为函数调用的输入或者实参。至于这些函数是怎么实现的，多数情况下用户不需要知道，只要明白调用一个函数时需要提供哪些参数以及函数的功能是什么即可。

什么是函数

用户还可以自定义函数。例如，假设有一个计算 BMI 的程序段：

```
"""pute BMI for a person with weight(kg) and height(m)"""
weight = 61.5
height = 1.75
bmi = weight / height**2
print('Your BMI is', round(bmi,1))
```

为了便于重复使用这一段代码计算不同身高和体重的 BMI，可以给这一段程序命名，并将 weight 和 height 作为函数的输入参数：

```
def compute_bmi(weight, height):
    """pute BMI for a person with weight(kg) and height(m)"""
```

```
bmi = weight / height ** 2
print('Your BMI is', round(bmi,1))
```

这样便定义了一个函数。def 是关键字，表示一个函数的定义；compute_bmi 是函数名，函数名后面的括号内是两个形参，或者说是函数的预期输入（将来调用函数时用实际输入数据代替），参数之间用逗号分隔；接下来是三引号表示的文档串，说明函数的功能；接下来是由两个语句构成的函数体。

函数定义好以后，便可以调用函数：假设 w 和 h 是两个已经赋值的变量或者两个常量（表示两个实际输入数据），那么表达式 compute_bmi(w,h) 就等价于该函数体的整组语句，其中 weight 用 w 代替，height 用 h 代替。例如，下列函数调用：

```
compute_bmi(61.5, 1.75)
```

等价于该函数体的下列语句：

```
bmi = 61.5 / 1.75 ** 2
print('Your BMI is', round(bmi,1))
```

或者下列调用语句序列中的函数调用：

```
w = 61.5
h = 1,75
compute_bmi(w, h)
```

等价于该函数体的下列语句：

```
bmi = w / h ** 2
print('Your BMI is', round(bmi,1))
```

【注意】　函数定义中的代码段的所有语句，包括文档串，都要缩进同样多的空格。习惯上缩进 4 个空格。

函数可以返回一个值。例如，输入两个数，函数返回其中较大的值：

```
def max(x,y):
    if x > y:
        return x
    else:
        return y
```

然后可以如下使用函数：

```
>>> max(23,45)
45
```

需要特别注意的是，max(23,45) 表示将函数 max() 应用于 (23, 45)，max 是函数名，23 和 45 是函数 max() 的输入，45 是函数 max() 应用于输入 (23, 45) 的结果。

因为函数 max(x,y) 返回一个值，因此可以将函数调用作为表达式的一部分或者放在赋值语句的右边。例如：

```
>>>1 + max(23,45)
46
>>>x = max(23,45)
>>>x
45
```

4.1.2　内置函数

Python 提供了许多内置函数，例如 print()、len() 和 int() 等。表 4.1列出了常用内置函数。表中的 iterable 对象可以理解为列表、多元组、序列、字符串和字典等可以遍历的对象。更多信息请参考https://docs.python.org/3/library/functions.html。

表 4.1　常用内置函数

函数名	功能
abs(x)	返回整数或者浮点数 x 的绝对值
all(iterable)	如果 iterable 所有元素为 True，则返回 True；否则返回 False
any(iterable)	如果 iterable 有一个元素为 True，则返回 True；否则返回 False
bin(x)	将整数 x 转换为二进制串
chr(i)	返回 Unicode 为 i 的字符，它是 ord(x) 的逆
eval(s)	当前环境下计算串 s 表示的表达式的值
float(x)	将数值或者字符串 x 转换为浮点数
int(x)	将数值或者字符串 x 转换为整数
isinstance(object,classinfo)	检查 object 是否 calssinfo 的对象
len(s)	返回 s 表示的串、列表、多元组等序列或者集合的元素个数
map(function, iterable)	将函数 function 应用于 iterable 的每个元素
max(iterable)	返回 iterable 中的最大元素
min(iterable)	返回 iterable 中的最小元素
open(file, mode='r')	打开文件 file，返回文件对象。file 是一个用字符串表示的文件名，mode 表示读写方式，包括'r'(读) 和'w'(写) 等
ord(c)	返回表示字符 c 的 Unicode 整数，它是 chr(x) 的逆
range(stop)	表示整数序列 $0, 1, \cdots, stop-1$
range(start,stop[, step])	从 start 开始，增量为 step, 小于 stop 的整数序列
round(number[,ndigits])	返回浮点数 number，小数点后保留 $ndigits$ 位
sorted(iterable[,key][,reverse])	返回将 iterable 排序后的新列表
str(object=")	返回 object 的字符串表示
sum(iterable)	返回 iterable 之和
type(object)	返回 object 的类型

4.1.3　数学函数

常用的数学函数由模块 math 提供。常用的函数有上取整函数 math.ceil(x)、下取整函数 math.floor(x)、阶乘函数 math.factorial(x)、最大公约数函数 math.gcd(x,y)、对数函数 math.log(x[,base])、幂函数 math.power(x,y)、三角函数 math.sin(x) 和反三角函数 math.asin(x) 等。math 模块中还包含常数 math.pi（圆周率 π）和 math.e（自然常数 e）详见https://docs.python.org/3/library/math.html。

使用模块 math 的函数时，需要先导入模块，然后使用"模块名.函数名(参数)"的格式调用。例如：

```
>>> import math
>>> math.sqrt(2)
1.4142135623730951
>>> math.log(8,2)
3.0
>>> math.log(2,10)
0.30102999566398114
>>> math.log(math.e)
1.0
>>> math.sin(math.pi/2)
1.0
```

4.1.4　用 λ 表达式表示简单函数

可以用 λ(lambda) 表达式自定义简单数学函数。例如，表达式lambda x: x + 1 定义了一个无名函数，这个函数的参数（或者输入）用 x 表示，函数的结果是 x+1，即它表示数学函数 $f(x) = x + 1$。例如，可以将 λ 表达式表示的数学函数直接应用于一个实参：

```
>>> (lambda x:x + 1)(1)
2
>>> (lambda x:x + 1)(10)
11
```

也可以给这个函数起个名，如 f，然后将 f 应用于一个数值：

```
>>> f = lambda x: x+1
>>> f(1)
2
>>> f(10)
11
```

再如，可以定义一个函数的输入是一个二元组 x，返回值是第一个分量 x[0] 的函数，即 $f(x,y) = x$，使用 λ 表达式lambda x: x[0]。例如：

```
>>> (lambda x: x[0])((10, 20))
10
```

同样，可以用 λ 表达式`lambda x: x[1]`表示输入是一个二元组 x，结果是第二个分量 x[1] 的函数：

```
>>> (lambda x: x[1])((10, 20))
20
```

4.1.5 排序函数

内置函数提供了列表排序函数 sorted(aList, key = None, reverse = False)。使用该函数可以只提供第一个实参，即需要排序的列表，其他两个使用默认值，该函数将返回输入列表从小到大重排后的列表。

列表排序时，列表可以是整数列表，如 [3,2,1,2]，或者字符串列表，如 ['Bob', 'Alice', 'Tom']，也可以是整数二元组的列表，如 [(2, 1), (1, 3), (3, 2), (2, 4), (1, 2)]。如果按照列表元素从小到大排序，则不需要提供后两个输入。例如：

```
>>> L1 = [2,1,3,4,1,3]
>>> L2 = sorted(L1)
>>> L2
[1, 1, 2, 3, 3, 4]
>>> L1
[2, 1, 3, 4, 1, 3]
>>> L3 = [(2, 1), (1, 3), (3, 2), (2, 4), (1, 2)]
>>> L4= sorted(L3)
>>> L4
[(1, 2), (1, 3), (2, 1), (2, 4), (3, 2)]
>>> L3
[(2, 1), (1, 3), (3, 2), (2, 4), (1, 2)]
```

排序函数

其中对二元组列表的排序先按第一个分量从小到大排序，第一个分量相同时再按照第二个分量从小到大排序。

注意，输入列表 L1 和 L3 不会改变。

如果需要从大到小排序，则需要用 reverse = True 的方式提供输入，这种输入称为**关键字实参** (keyword argument)，它表明了输入是提供给关键字 reverse 的（表示逆序）。例如：

```
>>> L1 = [2,1,3,4,1,3]
>>> L2 = sorted(L1, reverse = True)
>>> L2
[4, 3, 3, 2, 1, 1]
>>> L3 = [(2, 1), (1, 3), (3, 2), (2, 4), (1, 2)]
>>> L4 = sorted(L3, reverse = True)
>>> L4
[(3, 2), (2, 4), (2, 1), (1, 3), (1, 2)]
```

如果对于 L3 只是按照第一个分量排序，即排序时两个二元组的先后次序是根据它们的第一个分量大小决定的，第一个分量也叫排序的关键字。此时需要提供关键字实参，用参数 key 说明比较两个二元组时用哪个分量作排序比较先后的关键字。例如：

```
>>> L5 = sorted(L3, key = lambda x: x[0])
>>> L5
[(1, 3), (1, 2), (2, 1), (2, 4), (3, 2)]
```

这里使用了 λ 表达式说明排序时用哪个分量比较先后。注意，第一个分量相同的两个二元组排序前后相对位置没有变化，如排序前 (1, 3) 在 (1, 2) 之前，排序后仍保持相对先后位置。具有这种性质的排序叫**稳定的** (stable) 排序算法。内置排序 sorted() 是稳定的。

也可以同时用关键字实参 reverse = True 同时说明使用逆序，让列表按照第一个关键字从大到小排序。例如：

```
>>> L6 = sorted(L3, key = lambda x: x[0], reverse = True)
>>> L6
[(3, 2), (2, 1), (2, 4), (1, 3), (1, 2)]
```

同样，可以指定排序时按照第二个关键字从大到小排序。例如：

```
>>> L7 = sorted(L3, key = lambda x: x[1], reverse = True)
>>> L7
[(2, 4), (1, 3), (3, 2), (1, 2), (2, 1)]
```

另外，列表对象具有排序方法 sort()，其用法类似。例如：

```
>>> L1 = [2,1,3,4,1,3]
>>> L1.sort()
>>> L1
[1, 1, 2, 3, 3, 4]
```

注意，列表的方法 sort() 直接在列表上排序，排序后列表变成了有序的列表，不同于前一个排序 sorted()。

列表上的排序方法 sort() 也可以用关键字实参 reverse = True 实现从大到小排序。例如：

```
>>> L1 = [2,1,3,4,1,3]
>>> L1.sort(reverse = True)
>>> L1
[4, 3, 3, 2, 1, 1]
>>> L3 = [(2, 1), (1, 3), (3, 2), (2, 4), (1, 2)]
>>> L3.sort(reverse = True)
>>> L3
[(3, 2), (2, 4), (2, 1), (1, 3), (1, 2)]
```

也可以按照指定的关键字排序，例如按照第一个分量从大到小排序：

```
>>> L3 = [(2, 1), (1, 3), (3, 2), (2, 4), (1, 2)]
>>> L3.sort(key = lambda x: x[0], reverse = True)
>>> L3
[(3, 2), (2, 1), (2, 4), (1, 3), (1, 2)]
```

4.2 自定义函数和函数抽象

4.2.1 函数的定义

自定义函数格式为

```
def function_name(parameter_list):
    """
        说明函数功能的文档串
    """
    function body
```

其中:
- def 是关键字。
- function_name 是函数名,命名要符合标识符命名规则。
- parameter_list 是 0 个或者多个变量构成的形参表。
- 用三引号括起来的函数功能说明,要缩进。
- function body(函数体)是多个语句构成的序列,需要缩进并左对齐。

例如,定义一个对列表求和的函数,输入参数是数的列表,输出是列表中所有元素的和:

```
def my_sum(lst):
    """lst是数值列表
        函数返回列表元素之和
    """
    s = 0
    for x in lst:
        s += x
    return s
```

4.2.2 函数的调用

调用函数格式为

```
>>> functon_name(parameter_list)
```

其中 parameter_list 是函数定义中对应的实参。例如:

```
>>> my_sum([1,2,3,3,4])
```

此时,Python 将运行函数 my_sum 中函数体的代码段,并用实参 [1,2,3,3,4] 代替形参。不过,如果在脚本中直接执行这个语句,不会看到任何结果,原因是该函数的功能是计算一个值并返回该值,所以,应该将函数调用的结果记录下来,例如用一个赋值语句:

```
>>> x = my_sum([1,2,3,3,4])
>>> print(x)
```

在不致引起混淆的情况下，把形参和实参都简称为参数。

4.2.3 函数抽象

将一段具有特定功能的代码命名为一个函数，然后用户程序只需调用函数，给函数提供相应的参数，就可以解决用户的问题。用户在使用一个函数时，无须了解被调用函数的实现细节，只需要了解函数名和函数需要的参数。这种将函数的使用和实现分离的方法称为**函数抽象** (function abstraction)。

一个算法在程序设计语言中可以表达成一个函数。前面章节描述的伪代码算法都很容易转换为 Python 函数。

例如，判断一正整数是否素数的算法 4.1 可以转换为以下 Python 函数：

算法 4.1   isPrime(n)

输入： n 是正整数，$n \geqslant 2$
输出： 如果 n 是素数，则返回 **true**，否则返回 **false**
  factor $\leftarrow 2$
  while factor $\leqslant n-1$ **do**
    if $n\%$factor $= 0$ **then**
      return   false
    factor $\leftarrow$ factor $+ 1$
  return true

函数抽象

```
def isPrime(n):
    """如果n是素数，则返回True，否则返回False"""
    factor = 2
    while factor <= n-1:
        if n % factor == 0:
            return False
        factor += 1
    return True
```

在编写程序解决问题时，往往把一个问题分解成一些更容易解决的子问题，并编写函数分别解决这些子问题，最后用这些解决子问题的函数来定义解决原问题的函数。因此，函数抽象是程序设计的一种基本方法。

例如，在习题 1.6 中，画五环时，可能每画一个环都要重复一段代码，只是环的位置和颜色不同。为了避免这种重复代码，可以将画环设计成一个函数，其中位置、半径和颜色作为函数的参数：

```
from turtle import *
```

```
def draw_ring(x, y, r, c):
    """以(x,y)为圆心，r为半径，用颜色c画圆"""
    penup()
    goto(x + r, y)
    setheading(90)          # 设置海龟向北
    color(c)
    pendown()
    pensize(8)              # 笔迹粗细
    circle(r)
    penup()
```

这样一来，画五环便可以在计算好每个环的位置后简单地调用画环函数即可。下面定义了画五环的函数：

```
def draw_five_rings():
    r = 50
    d = r/3    # 环之间的间隙
    x0 = -100
    x1 = x0
    y1 = 0     # (x1,y1)为上端3个环的圆心位置
    draw_ring(x1,y1,r,'blue')
    x1 = x1 + 2*r + d
    draw_ring(x1, y1, r, 'black')
    x1 = x1 + 2*r + d
    draw_ring(x1,y1,r, 'red')
    x2 = x0 + r + d/2        # (x2,y2)为下端两个环的圆心位置
    y2 = - math.sqrt((2*r-d)**2 -(r+d/2)**2)
    draw_ring(x2,y2,r,'orange')
    x2 = x2 + 2*r + d
    draw_ring(x2,y2,r,'green')
    done()
```

用户只需调用 `draw_five_rings()` 即可完成画五环任务。

使用函数分别解决子任务可以使得代码更清晰易读。例如，编写习题 3.7 的猜拳游戏时，需要打印两个玩家的手势，如果定义一个打印手势的函数，则可以使得代码更简短清晰。完整的模拟猜拳游戏程序见 4.5.3 节。

4.3　函数的参数和返回值

4.3.1　函数的返回值

一个函数可以用 return 返回一个结果，也可以不使用 return，这样的函数称为 void 函数，其返回默认值为 None。例如，计算 BMI 的程序可以直接打印结果：

函数的
返回值

```
def print_bmi(weight, height):
    """计算一个人的BMI并打印结果
        weight(kg)和height(m)分别表示体重和身高
    """
    bmi = weight / height**2
    print('Your BMI is', round(bmi,1))
    if bmi > 30:
        print('It is a bit higher.')
    elif bmi < 18:
        print('It is a bit lower.')
    else:
        print('It is ok.')
```

如果检查该函数的返回值，可知其返回结果是 None：

```
>>> a = print_bmi(65,1.7)
Your BMI is 22.5
It is ok.
>>> print(a)
None
```

注意函数调用在赋值语句右边，因此，首先执行该函数，打印输出信息，然后将返回结果（None）赋给变量 a。

也可以将上述函数写成两部分，一部分负责计算 BMI（当然这里的计算比较简单），另一部分负责调用计算 BMI 的函数并打印结果：

```
def compute_bmi(weight, height):
    """计算BMI"""
    bmi = weight / height**2
    return bmi


def print_bmi2(weight, height):
    """调用计算BMI的函数并打印结果"""
    bmi = compute_bmi(weight, height)
    print('Your BMI is', round(bmi,1))
    if bmi > 30:
        print('It is a bit higher.')
    elif bmi < 18:
        print('It is a bit lower.')
    else:
        print('It is ok.')
```

需要特别说明的是，这是一种程序设计模式：将一个程序中的计算部分和输入输出部分分离，用一个独立的函数（这里是 compute_bmi()）实现计算部分。

4.3.2 参数的默认值

函数定义中的形式参数可以指定一个**默认值** (default value)。在函数调用时，如果不给对应参数提供实际参数值，则使用默认值。

例如，模拟抛硬币实验：抛一定次数的硬币，计算正面出现次数的比例。函数的参数是抛硬币次数，假定默认值为 100，则可如下定义：

```python
import random
def coin_toss(numTrials = 100):
    """抛一枚硬币numTrials次
        返回正面出现次数的比例
    """
    count = 0
    for i in range(numTrials):
        t = random.choice([0,1])
        if t==1:
            count += 1
    return count/numTrials


k = coin_toss()        # 调用函数，使用参数的默认值
                       # 相当于 k = coin_toss(100)
print(k)
k = coin_toss(1000) # 抛1000次正面出现次数的比例
print(k)
```

参数的默认值

如果一个函数有多个参数，那些指定默认值的参数应该列在参数表的后面。例如，在下面的函数定义中，后 3 个参数均给出了默认值：

```python
def fun_with_default_para(x1, x2, y1 = 1, y2 = [], y3 = ""):
    """
        y1, y2, y3 有默认值
    """
    ...
```

下面的函数调用都是合法的：

```
>>> x1 = ...
>>> x2 = ...
>>> y1 = ...
>>> y2 = ...
>>> y3 = ...
>>> fun_with_default_para(x1, x2)
>>> fun_with_default_para(x1, x2, y1)
>>> fun_with_default_para(x1, x2, y1, y2)
>>> fun_with_default_para(x1, x2, y1, y2, y3)
```

4.3.3 定位实参和关键字实参

在上面的函数 fun_with_default_para() 调用中，实参按照从左到右的顺序依次传递给形参，称这些实参为**定位实参** (positional argument) 或者定位输入。调用函数中传递的实参也可以不按照顺序传递，此时需要用"形参名 = 实参"的方式说明实参是提供给哪个形参的，这种实参称为**关键字实参** (keyword argument) 或者关键字输入。例如，下面的函数调用都是合法的：

```
>>> fun_with_default_para(x1, x2, y1 = 2)
>>> fun_with_default_para(x1, x2, y2 = [1,2], y1 = 2)
>>> fun_with_default_para(x1, x2, y3 = "Py", y2=[1,2], y1=2)
```

其中实参 x1 和 x2 是定位实参，而其他实参（如 2、[1,2] 和"Py"）都是关键字实参，没有提供实参的形参取默认值。

要注意的是，所有的定位实参必须位于关键字实参之前。

再如，定义下列函数：

```
def show_person(name, age, sex = 'M'):
    print('姓名:',name, '性别:', sex, '年龄:', age)
```

下列调用都是合法的：

```
show_person('Wang Qing', 20)
show_person('Wang Qing', sex='F', age = 20)
show_person(name = 'Wang Qing', sex = 'F', age = 20)
show_person(sex = 'F', age = 20, name = 'Wang Qing')
```

但是，下列调用则均不合法：

- show_person(age = 21, 'Wang Qing')
  问题：定位实参没有放在关键字实参之前。

- show_person(sex = 'F', name = 'Wang Qing')
  问题：没有给 age 提供定位实参。

- show_person(20, 'Wang Qing',sex = 'F')
  问题：虽然没有报错，但是定位实参顺序错误，因此显示结果错误：

```
姓名: 20 性别: F 年龄: Wang Qing
```

4.3.4 参数的传递

表示一个数据对象的变量实际上是对该对象的引用或者该对象的"地址"。将一个对象或者表示一个对象的变量传给一个函数时，实际上传给函数的是该对象的引用。例如：

定位实参和
关键字实参

```
def apa(L):
    L.append(0)


L = [1]
apa(L)
print('L = ', L)

L1 = [1,2]
apa(L1)
print('L1 = ', L1)
```

这段程序中两个调用 apa(L) 和 apa(L1) 之后，两个实参 L 和 L1 的值是否改变了呢？打印语句的结果是

```
L = [1, 0]
L1 = [1, 2, 0]
```

这是因为传给函数调用 apa(L) 的是 L 所指对象 [1] 的地址，函数调用 apa(L) 对该对象进行了修改，即在输入参数 L 后添加了元素 0。同样，调用 apa(L1) 也对 L1 指向的对象做了修改。

再看看下列函数调用的结果：

```
def aba(x, y, z):
    x = x + 1
    y += y
    z += (0, )


x = 0
y = 'hi'
z = (1, 2)
aba(x, y, z)
print(x, y, z)
```

调用函数 apa(x, y, z) 后 3 个变量 x、y 和 z 的值是否有变化呢？查看打印结果，这些变量的值或者说这些对象没有变化：

```
0 hi (1, 2)
```

这是因为这些整数、串和多元组对象是不可变对象。

4.4　变量的作用域

4.4.1　局部变量和全局变量

一个变量要先定义并赋值再使用，否则会引发名称无定义错误。那么运行下面代码会发生什么情况呢？

```
def f():
    x = 1
print(x)
```

解释器报告'x'没有定义。这是因为变量 x 是在函数 f() 中定义的，它在 f() 外部是不可见的，或者说 x 的作用域局限于函数 f() 内部，x 是局部变量。

程序中的每个变量在程序中可见或者可存取的范围称为变量的**作用域** (scope)。在一个函数中定义的变量只在该函数定义内可见或可存取，称为**局部变量** (local variable)；而在函数之外定义的变量称为**全局变量** (global variable)。

例如，在下面的程序中，第一行定义的变量 x 是全局变量，而在函数 foo() 中定义的同名变量 x 和变量 y 都是局部变量：

```
x = 1
def foo():
    x = 2
    y = 3
    print('in foo: ', 'x =', x, ' y=', y)


foo()
print('outside foo:', 'x =', x)
```

函数 foo() 内部打印语句中的 x 和 y 表示函数 foo() 中定义的局部变量；而程序的最后一个语句中的 x 指第一行定义的全局变量，而不是函数 foo() 中的同名局部变量 x。函数的运行结果为

```
in foo: x = 2 y = 3
outside foo: x = 1
```

即函数 foo() 打印的是局部变量的值，而最后一个 print 命令打印的是全局变量的值。

局部变量 x 在函数 foo() 之外是不可见的。再如，如果在函数 foo() 之外打印 y 的值：

```
x = 1
def foo():
    x = 2
    y = 3
    print('in foo: ', 'x =', x, 'y =', y)

print('outside foo: ', 'y =', y)
```

则会得到出错信息：

```
Traceback (most recent call last):
  File "scopeVar.py", line 8, in <module>
    print('outside foo: ', 'y=', y)
NameError: name 'y' is not defined
```

即变量 y 没有定义，因为 y 是局部变量，在函数之外不可见。

4.4.2　使用全局变量

如果在函数中需要使用一个全局变量，则需要在函数中用关键字 global 说明。例如：

```
x = 1
def foo():
    global x
    x += 1
    y = 3
    print('in foo: ', 'x =', x, 'y =', y)


foo()
print('outside foo: ', 'x =', x)
```

运行结果如下：

```
in foo:  x = 2 y = 3
outside foo:  x = 2
```

在函数 foo() 中以及函数之外，x 表示同一个全局变量。

4.4.3　跟踪函数调用运行过程

一个函数 f() 被调用时，系统转去按照函数 f() 的定义执行，待被调用函数执行完后返回调用 f() 的位置继续执行。如果函数 f() 定义中调用了另一个函数 g()，那么系统在执行到调用 g() 时，同样需要转去按照 g() 的定义执行，g() 执行完后返回到 f() 中继续执行。这种函数的嵌套调用是函数定义中常见的现象。为了便于函数的嵌套调用的执行，系统需要借助一个栈跟踪程序的运行。因为每次转去执行一个函数时需要记录一些信息，称为活动记录，包括被调用函数的参数值和执行完成后的返回地址，待被调用函数执行完成后根据活动记录信息转到返回地址继续执行，并丢弃相应的活动记录。函数嵌套调用对应的活动记录具有先调用后使用、后调用先使用的特点，因此需要借助栈完成。栈是一种具有后进先出特点的数据结构。

下面用一个例子和图示的方式说明函数调用的执行过程。在图 4.1 中，左边显示函数定义，中间显示调用栈的情况，右边表示数据区。函数定义部分左侧的小箭头表示当前运行的语句，调用栈中的变量指向数据区对象的箭头表示变量的当前取值。其中定义了两个函数，函数 go() 调用了函数 aba()，程序从函数调用 go() 开始运行，当前运行到函数 go() 的第三个赋值语句。

当执行函数调用 go() 时，系统根据被调用函数定义转去执行函数体。这个过程可以设想为在调用栈上放置一张空白纸，写下 go() 的各个形式参数的对应取值（go() 没有形参），然后按照 go() 的定义一步步执行。首先执行前两个赋值语句，即给两个局部变量 x 和 s 赋值，图 4.1 给出了完成这两个赋值语句后的情况。

```
def aba(x, y):
    x=2*x
    y+=y
    return (x, y)
def go():
    x=1
    s='Py'
    z=aba (x, s)
    print(x, s, z)
go ()
```

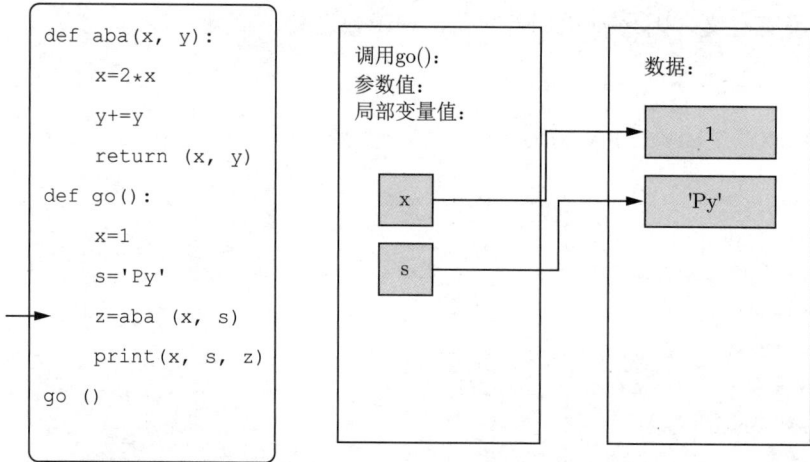

图 4.1　完成 go() 前两个赋值语句后的情况

当运行到第 3 个赋值语句时，首先执行函数调用 aba(x,s)，然后完成赋值。调用函数 aba(x,s) 仍然需要在调用栈上再放置一张空白纸（盖在前一张模拟 go() 运行的纸上，被盖住的纸张用虚线框表示），然后给被调用函数的形参设置对应的实参值，如图4.2所示，函数定义中的形参 x 和 y 分别指向实参 x 和 s 所指的对象，这里 x 和 s 均为 go() 中的局部变量，也即前一张纸上表示的局部变量。图 4.2给出了调用 aba(x,s) 时完成形参设置后的状态。

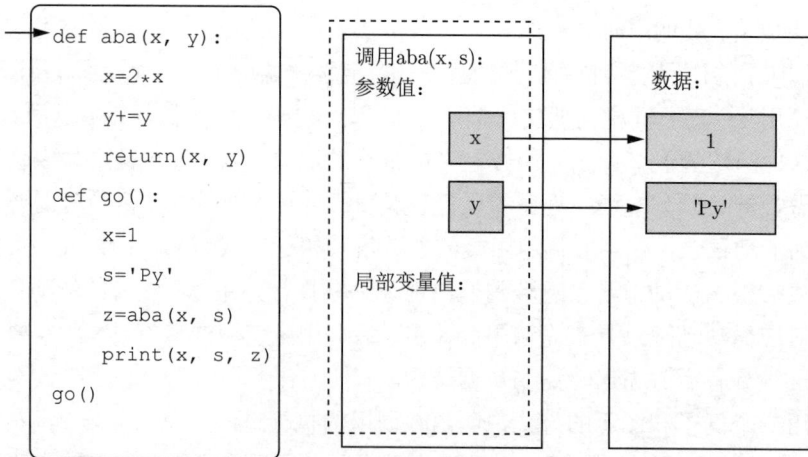

```
def aba(x, y):
    x=2*x
    y+=y
    return(x, y)
def go():
    x=1
    s='Py'
    z=aba(x, s)
    print(x, s, z)
go()
```

图 4.2　调用 aba(x, s) 时完成形参设置后的状态

图 4.3给出了调用 aba(x,s) 完成时的状态。

每个函数调用完成后，需要返回原来调用的地方继续执行。这里可以设想为撤掉调用栈上的相应纸张，然后返回 go() 的第 3 个赋值语句继续执行。图 4.4给出了完成第 3 个赋值语句的状态。

接下来执行最后一个打印语句 print(x,s,z)，此时按照图 4.4所示的状态，结果是"1 Py (2, 'PyPy')"。至此，go() 的运行结束，相应地撤掉调用栈上的纸张。

```
def aba(x, y):
    x=2*x
    y+=y
    return(x, y)
def go():
    x=1
    s='Py'
    z=aba(x, s)
    print(x, s, z)
go()
```

调用aba(x, s):
参数值:

x

y

局部变量值:

数据:

1

'Py'

2

'PyPy'

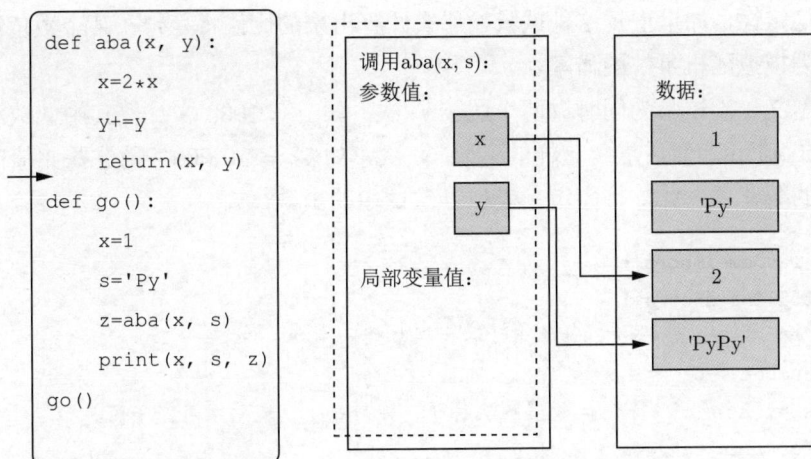

图 4.3　调用 aba(x, s) 完成时的状态

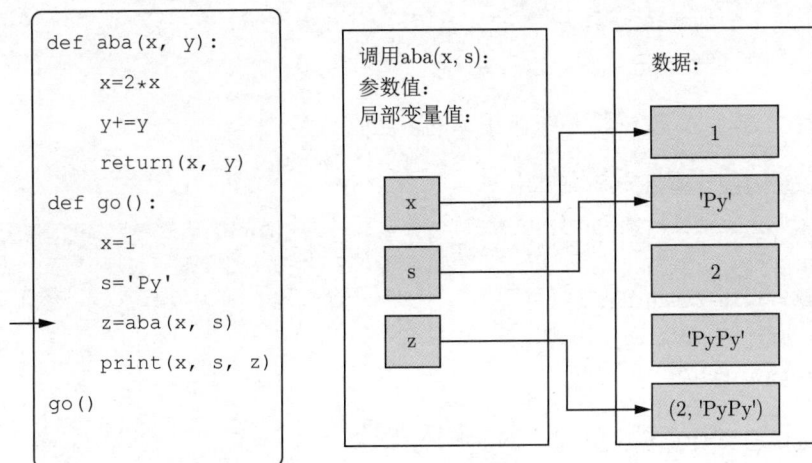

```
def aba(x, y):
    x=2*x
    y+=y
    return(x, y)
def go():
    x=1
    s='Py'
    z=aba(x, s)
    print(x, s, z)
go()
```

调用aba(x, s):
参数值:
局部变量值:

x

s

z

数据:

1

'Py'

2

'PyPy'

(2, 'PyPy')

图 4.4　完成第 3 个赋值语句的状态

在以上执行过程中，调用栈上可能叠放着多张纸，表示函数的嵌套调用。纸上记录的信息便是被调用函数的活动记录。开始执行被调用函数时，在调用栈中放置纸张称为活动记录入栈，当调用结束时撤掉纸张称为活动记录出栈。

4.5　模拟计算

4.5.1　模拟抛骰子

人们常用程序模拟事件，并做出统计。例如，模拟抛两个骰子，统计出现点数和为偶数的随机事件的概率。要计算这种事件的概率，可以做一次试验：模拟重复抛两个骰子一定次数，统计出现偶数和事件的次数，并计算这种事件出现次数占总次数之比。根据频率的稳定性，如果重复这种试验，那么计算出来的比值将稳定在某个数值周围，这个数值称为模拟随机事件的概率。

首先定义一次试验为同时抛两个骰子 n 次，如 $n = 1000$ 中计算其中偶数和出现次数与 n 的比值 p_i。然后重复这样的实验 N 次，如 $N = 10\,000$，用这些比值的平均值作为事件的概率。为此，首先定义模拟一次试验的函数：

```python
from random import *
def rolling_dice(n):
    """ 抛两个骰子n次，计算点数和为偶数的比例"""
    number = 0
    seed()                  # 设置随机种子，使得每次试验结果可能不同
    for i in range(n):
        a = randint(1,6)
        b = randint(1,6)
        if ((a + b) % 2 == 0):
            number += 1
    return number/n
```

然后定义进行 N 次试验并统计频率的函数：

```python
def counting_fre(n, N):
    """ 一次试验抛骰子n次，进行N次试验，统计偶数点出现的频率"""
    sum = 0
    for i in range(N):
        sum += rolling_dice(n)
    return sum/N
```

现在可以尝试计算模拟结果。例如：

```
>>> print(counting_fre(100,1000))
0.5004299999999996
>>> print(counting_fre(100,1000))
0.49865
>>> print(counting_fre(100,1000))
0.50144
>>> print(counting_fre(100,1000))
0.4999399999999998
```

利用你的概率论知识看看理论计算结果是什么。

4.5.2 用蒙特卡洛方法估算 π 的近似值

估算π的
近似值

假设在图 4.5 中随机均匀地投掷豆子，那么事件"豆子落在圆里"的概率应该是圆面积与正方形面积之比。不妨设圆的半径为 1，因此正方形边长为 2，由此计算出该事件的概率为 π/4。

另一方面，可以通过模拟随机均匀投掷豆子的方法估算该事件的概率。利用该估算值可以估算 π 的近似值。这种抽样统计估算的方法称为**蒙特卡洛方法** (Monte Carlo method)。

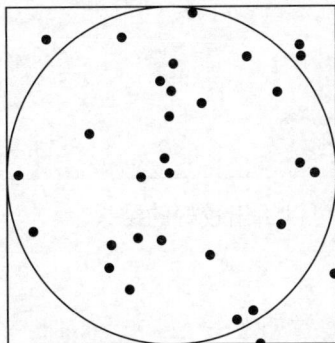

图 4.5 在包含单位半径圆的正方形中随机均匀地投掷豆子

假设正方形左下角位于原点。计算方法如下：

（1）在正方形内随机抛掷豆子若干次。

（2）计算豆子落在圆内的比例。

（3）将该比例作为圆面积和正方形面积之比的近似值，由此计算出 π 的近似值。

（4）进行若干次这样的计算，并用其平均值作为 π 的近似值。

下面的函数模拟抛掷 n 次豆子，并返回豆子落在圆内的比例：

```python
def drop_beans(n):
    """ 在正方形上抛掷豆子n次，计算豆子落在圆内的比例"""
    number = 0
    seed()          # 设置随机种子，使得每次试验结果可能不同
    for i in range(n):
        a = uniform(0,2)
        b = uniform(0,2)
        if (((a-1)**2 + (b-1)**2) <= 1):
            number += 1
    return number/n
```

这里模拟抛掷豆子使用了均匀分布函数 uniform()，uniform(0,2) 按照均匀分布随机生成 [0,2] 区间的数值，两次调用生成一对坐标 (a,b)，然后判断 (a,b) 到圆心 (1,1) 的距离是否小于或等于 1。

接下来可以重复上述试验若干次，并统计均值：

```python
def counting_fre(n, N):
    """一次试验抛豆子n次，进行N次试验，统计豆子落在圆内的频率"""
    sum = 0
    for i in range(N):
```

```
        sum += drop_beans(n)
    return sum/N
```

按照理论计算结果，可以用 4*counting_fre(n,N) 作为 π 的近似值：

```
>>> 4*counting_fre(100,1000)
3.138039999999987
>>> 4*counting_fre(100,1000)
3.1431999999999842
>>> 4*counting_fre(100,1000)
3.1483199999999867
```

可以看出，蒙特卡洛方法可以给出较好的结果。

4.5.3　模拟猜拳游戏

两个玩家 A 和 B 猜拳的过程如下：

（1）A 和 B 同时出拳。

（2）如果 A 胜，则 A 得 1 分；如果 B 胜，则 B 得 1 分。

重复以上过程，直至有一方得 3 分。

假定仍然分别用 0、1 和 2 分别表示"石头""剪刀"和"布"。双方出拳将用随机函数生成。出拳后显示各方手势和确定哪方胜出都需要一些比较复杂的判断。为此，定义一个函数，根据表示手势的数值打印相应的手势：

```
def print_rsp(p, a):
    """显示玩家p的手势数值a对应的手势"""
    print('玩家'+p+'的手势:',end='')
    if (a==0):
        print("石头")
    elif (a==1):
        print("剪刀")
    else:
        print("布")
```

该函数的第一个参数表示玩家，如'A'和'B'；第二个参数表示其手势数值。

再定义一个函数，根据玩家手势判断胜方。如果玩家 A 和玩家 B 的手势数值分别是 a 和 b，而且两者不相等，那么 $(a+1)\%3 = b$ 表示 A 胜一手，否则 B 胜一手。函数定义如下：

```
def a_beat_b(a, b):
    """假定A、B是不同的手势
        如果A胜B,则返回True,否则返回False
    """
    if (a+1)%3 == b:
        return True
    else:
        return False
```

调用 a_beat_b(a,b) 即可判断哪方胜：如果该值为 True，则 A 胜，否则 B 胜。
最后，整个游戏的模拟程序如下：

```python
def rsp_game():
    """石头剪刀布游戏模拟，三拳两胜"""
    pa = 0                # 玩家A得分
    pb = 0                # 玩家B得分
    while (pa < 3) and (pb < 3):
        a = random.randint(0,2)
        b = random.randint(0,2)
        print_rsp('A', a)
        print_rsp('B', b)
        if a == b:
            continue
        if a_beat_b(a,b):
            pa += 1
        else:
            pb += 1
        print('比分：', pa, '-', pb)
    if pa ==3:
        print('玩家A赢了')
    else:
        print('玩家B赢了')
```

在解释器下调用 rsp_game() 可以看到游戏的模拟过程。例如：

```
玩家A的手势：  剪刀
玩家B的手势：  剪刀
玩家A的手势：  石头
玩家B的手势：  剪刀
比分：  1 - 0
玩家A的手势：  布
玩家B的手势：  石头
比分：  2 - 0
玩家A的手势：  剪刀
玩家B的手势：  布
比分：  3 - 0
玩家A赢了
```

4.6　编写没有副作用的函数

4.6.1　副作用和纯函数

　　如果一个函数修改了除它的局部变量以外的值，例如修改了函数的参数或者全局变量，则称函数有**副作用** (side-effect)。例如，下列函数返回一个列表所有元素加倍的列

副作用和
纯函数

表，例如，输入列表 [1,2] 的输出是 [2,4]：

```python
def double_with_SE(aList):
    """函数返回一个列表，其中每个元素是aList对应元素的2倍"""
    for i in range(len(aList)):
        aList[i] *= 2
    return aList
aList = [1, 2]
bList = double_with_SE(aList)
print(aList)
print(bList)
```

对于列表 aList =[1,2]，调用 double_with_SE(aList) 返回列表 [2,4]，但同时输入列表 aList 也变成 [2,4]。函数 double_with_SE() 的实现是在输入列表上直接修改，然后返回修改后的列表。

同样返回一个列表所有元素加倍的列表，以下函数 double_without_SE() 选择不更改输入列表，而是构造一个新的列表作为结果返回。

```python
def double_without_SE(aList):
    """函数返回一个列表，其中每个元素是aList对应元素的2倍"""
    result = []
    for x in aList:
        result.append(2*x)
    return result


aList = [1, 2]
bList = double_without_SE(aList)
print(aList)
print(bList)
```

如果给函数 double_without_SE() 输入列表 aList=[1,2]，那么调用 double_without_SE(aList) 返回列表 [2,4]，但同时输入列表 aList 没有变化。

对照以上两个版本，double_without_SE() 没有副作用，即该函数只做了计算函数值的工作，没有其他作用，就像调用模块 math 中的数学函数一样，例如，math.sqrt(x) 只计算 x 的平方根，不会有其他作用。称这种没有副作用的函数为**纯函数** (pure function)。纯函数的一个特点是：对于同样的输入，无论在什么时候，函数的输出总是一样的。具有副作用的函数则不然，例如，如果函数修改了全局变量，那么对于同样的输入，两次调用函数的输出可能不一样。

函数的副作用有时是需要的。但是，副作用对于理解函数的语义以及对函数的性质进行推理造成困难。在设计函数时，如果函数的主要功能是计算一个结果，则应该避免副作用，设计纯函数，以使得程序的语义更清晰。

4.6.2　设计纯函数

一般来说，主要功能是返回一个值的函数都可以考虑设计成无副作用的纯函数。

例如，库函数 sorted() 是一个纯函数，它返回输入列表排序后的列表，但是输入不变。例如：

```
>>> aList = [2,1,2,3]
>>> bList = sorted(aList)
>>> print(bList)
[1, 2, 2, 3]
>>> print(aList)
[2, 1, 2, 3]
```

列表上的排序方法 sort() 却是有副作用的，它通过修改输入完成排序，没有返回值。例如：

```
>>> aList = [2,1,2,3]
>>> aList.sort()
>>> print(aList)
[1, 2, 2, 3]
```

4.6.3　无副作用的选择排序

下面以排序为例，设计一个无副作用的选择排序函数。

【方法】　对列表 A 进行选择排序的方法如下：

(1) 选择 A 中的最小值，将其作为排序结果的第一个元素。

(2) 在 A 中剩下的元素中选择最小的元素，将其作为排序结果的下一个元素。

(3) 重复这个过程，直至 A 中的元素都排好序。

这里在列表中选择最小元不难。有点难度的是，如何表示 "A 中剩下的元素" 这个列表。为了不修改输入，一种选择是先生成输入的一个副本，然后在副本上进行选择。每次选出最小元素并将其添加到结果之后，将最小元素删除（在输入副本上），由此得到 "A 中剩下的元素" 的列表。

为此，将对列表 A 进行选择排序的方法再细化：

(1) 生成 A 的副本 B。

(2) 用 C 表示排序的结果，将其初始化为空列表。

(3) 选择 B 中的最小值 m，将其添加到排序结果 C 中。

(4) 将 m 在 B 中删除。

(5) 重复 (3) 和 (4)，直至 B 为空。

(6) 输出 C。

【算法】　按照以上细化的方法，写出选择排序的伪代码形式的算法 4.2。

算法 4.2   pure_selectionsort(A)

输入: A 是要排序的列表

输出: 返回 A 的有序排列

$\quad B \leftarrow A$

$\quad C \leftarrow []$

$\quad$**while** B 不空 **do**

$\quad\quad m \leftarrow \min(B)$

$\quad\quad$将 m 添加到 C 的尾部

$\quad\quad$在 B 中删除 m

$\quad$**return** C

【**代码**】   由此得到无副作用的选择排序函数:

```python
def pure_selectionsort(aList):
    """用选择排序方法返回aList元素从小到大排列的列表"""
    bList = aList[:]
    cList = []
    while len(bList) > 0:
        m = min(bList)
        cList.append(m)
        bList.remove(m)
    return cList


aList = [2,1,3,2,1]
bList = pure_selectionsort(aList)
print(bList)
print(aList)
```

可以验证, pure_selectionsort(aList) 没有修改参数, 它只是通过修改其中的局部变量完成排序, 返回值是排序结果。

4.6.4 有副作用的选择排序

为了对比, 再实现一个在输入列表 A 上完成的有副作用的选择排序。

【**方法**】   选择排序的方法:

(1) 选择 A 中的最小值, 将其与 A 的第一个元素 (这里指索引为 0 的元素) 互换。

(2) 在从 A 中第 2 个元素 (指 $A[1]$) 开始的尾部列表中选择最小元素, 将其与 A 的第 2 个元素互换。

(3) 重复这个过程, 直至 A 中的元素都排好序。

这里关键步骤在于在指定尾部列表中选出最小元素, 以及将两个指定位置的元素互换。为此, 将这些信息再明确, 并细化为下列步骤:

(1) 初始化索引: $i \leftarrow 0$, 表示下一步选出的最小元素在排序结果中的最终位置。

(2) 选择 $A[i:]$ 中的最小元素, 记下最小元素的索引 j。

(3) 将 $A[i]$ 与 $A[j]$ 互换。

(4) 更新索引: $i \leftarrow i+1$。

(5) 重复 (2) ~ (4), 直至 A 中的元素都排好序, 即 $i = \text{len}(A) - 1$。

接下来只有第 (2) 步选择最小并记下最小元素的索引需要进一步细化。可以为这一步设计一个函数。函数的输入是列表 A 以及在 A 中寻找最小元素的开始位置 i:

(1) 初始化记录最小元的索引: $j \leftarrow i$。

(2) 初始化最小元素: $m \leftarrow A[j]$。

(3) 依次检查 $A[j+1], A[j+1], \cdots, A[\text{len}(A) - 1]$, 然后记下最小元素的位置。

【算法】 按照以上分析的方法, 写出选择排序算法和选择最小元算法的伪代码, 如算法 4.3 和算法 4.4 所示。

算法 4.3 selectionsort_SE(A)

输入: A 是要排序的列表, n 是 A 的长度

输出: 将 A 从小到大排序

　for $i \leftarrow 0$ **to** $n-1$ **do**

　　$j \leftarrow \text{smallest}(A, i)$

　　将 $A[i]$ 与 $A[j]$ 互换

算法 4.4 smallest(A, i)

输入: i 是列表 A 的合法索引

输出: 返回 A 自索引 i 之后最小元素的索引

　$j \leftarrow i$

　$m \leftarrow A[j]$

　for $k \leftarrow i+1$ **to** $n-1$ **do**

　　if $A[k] < m$ **then**

　　　$j \leftarrow k$

　　　$m \leftarrow A[k]$

　return j

【代码】 最后得到下列 Python 选择排序函数的实现:

```python
def smallest(aList, i):
    """i是列表aList的合法索引。函数返回aList[i:]中最小元素的索引"""
    j = i
    m = aList[j]
    for k in range(i+1, len(aList)):
        if aList[k]  < m:
            j = k
            m = aList[k]
    return j


def selectionsort_SE(aList):
```

```
"""用选择排序方法将列表aList从小到大排序"""
for i in range(len(aList)):
    j = smallest(aList, i)
    aList[i], aList[j] = aList[j], aList[i]

aList = [2,1,3,2,1]
selectionsort_SE(aList)
print(aList)   #aList已经有序
```

4.7　模块

4.7.1　模块的作用与用法

一个**模块** (module) 是包含若干 Python 函数或语句的脚本，脚本的文件名就是模块名。一个模块可以通过 import 导入其他模块，然后用"模块名. 函数名"这种方法使用被导入模块中的函数。因此，模块是代码重用和组织的重要手段。

例如，将函数 fib_iterative 所在脚本命名为 fib.py，然后在另一个模块 using_fib（脚本文件命名为 using_fib.py）中调用该模块，并使用该模块中定义的函数：

```
import fib
def compute_fib():
    n = eval(input('Input some int:'))
    answer = fib.fib_iterative(n)
    print('Fib(',n,')=', answer, sep='')
compute_fib()
```

模块的概念

如果在解释器导入该模块，或者在命令解释器下将其作为脚本运行：

```
>python using_fib.py
```

则模块的命令 compute_fib() 将执行。

4.7.2　主模块和变量 __name__ 的用法

当一个模块作为脚本运行时，该模块的语句被执行，该模块也称为**主模块** (main module)。可以查看模块的全局变量 __name__（双下画线），它被置为 __main__。例如，定义模块 moduleA.py，其中只含一个打印全局变量名 __name__ 的语句：

```
print("moduleA's name:", __name__)
```

作为脚本运行时，变量 __name__ 的值显示为"__main__"：

```
>python moduleA.py
moduleA's name: __main__
```

如果被导入解释器或者其他模块，则变量 __name__ 的值显示为该模块名：

```
>>> import moduleA
moduleA's name: moduleA
```

再定义一个模块 moduleB.py，它导入 moduleA，同时也只有一个打印变量名 __name__ 的语句：

```
import moduleA

print("moduleB's name:", __name__)
```

现在运行脚本 moduleB.py，则 moduleB 成为主模块。观察两个模块中两个打印变量 __name__ 语句的值，发现被导入模块对应值为该模块名 moduleA，主模块对应值为 __main__：

```
>python moduleB.py
moduleA's name: moduleA
moduleB's name: __main__
```

当模块 moduleA 被导入另一个模块时，moduleA 中的语句被执行。如果不希望模块 moduleA.py 被导入时其中的语句（例如调试用的语句）被执行，那么可以根据变量 __name__ 的值使其中的语句成为条件语句。例如，将 moduleA.py 中的语句修改为

```
if __name__ == '__main__':
    print("moduleA's name:", __name__)
```

现在，如果 moduleA 是主模块，则条件成立，执行打印语句：

```
>python moduleA.py
moduleA's name: __main__
```

如果 moduleB 为主模块，则 moduleA 中的条件不成立，相应的打印语句不执行：

```
>python moduleB.py
moduleB's name: __main__
```

模块 using_fib 也可以被导入其他模块。为了使得模块 using_fib 被导入其他模块时不执行命令 compute_fib()，同时作为主模块时可以执行，可以将命令 compute_fib() 改为条件语句：

```
if __name__ == '__main__':
    compute_fib()
```

即现在模块 using_fib.py 看起来像

```
import fib
def compute_fib():
    n = eval(input('Input some int:'))
    answer = fib.fib_iterative(n)
    print('Fib(',n,')=', answer, sep='')


if __name__ == '__main__':
    compute_fib()
```

习题

4.1   牛顿-佩皮斯（Newton-Pepys）问题是关于掷骰子概率问题（参见https://en.wikipedia.org/）。1693 年，佩皮斯写信请教牛顿一个概率问题：

下面哪个事件的概率最大？

(a) 独立地掷 6 个骰子，至少出现一个 6。

(b) 独立地掷 12 个骰子，至少出现两个 6。

(c) 独立地掷 18 个骰子，至少出现三个 6。

你的任务是用模拟的方式给出以上问题的答案。代码必须由一个或者多个函数构成，每个函数的格式必须规范，包括说明函数功能的文档串。

4.2   定义适当的函数，重画奥林匹克五环。要求尽可能不出现重复的代码。

4.3   用牛顿-拉弗森（Newton-Raphson）公式求平方根是一种收敛很快的迭代方法。求 r 的平方根的牛顿-拉弗森迭代公式为

$$x_{n+1} = (x_n + r/x_n)/2$$

迭代示例参见习题 3.9。请用以上迭代方法实现下列求平方根近似值的函数：

```
def newton_raphson(r, e):
    """ r和e是正整数。函数返回r的平方根近似值，
        要求返回的近似值的平方与r的绝对值不超过误差e
    """
    ### 你的代码
```

然后测试该函数，例如：

```
>>> newton_raphson(2,0.001)
1.4142156862745097
>>> newton_raphson(4,0.001)
2.0000000929222947
>>> newton_raphson(9,0.001)
3.00009155413138
>>> newton_raphson(16,0.001)
4.000000636692939
>>> newton_raphson(3,0.001)
1.7321428571428572
```

4.4　设计一个纯函数，其输入是两个列表，输出是两个列表的串接列表。例如，输入 aList = [1,2,1,3], bList = [5,4,2]，则输出是列表 [1,2,1,3,5,4,2]。

4.5　设计一个纯函数，其输入是两个字典，输出是两个字典合并后的字典。如果某个关键字在两个字典中都出现，则该关键字的值只保留第一个字典中的值。例如，输入 aDic= 1: 10, 2: 20, bDic = 1: 2, 3: 6，则输出是字典 1: 10, 2: 20, 3: 6。

4.6　分别用函数 sorted() 和列表方法 sort() 对 L = [('Alice', 20), ('John', 12), ('Dave', 21), ('Bob', 21), ('Tom', 18)] 排序。要求：

（1）根据第一个分量按照字典序排序。

（2）根据第二个分量从大到小排序。

（3）首先根据第一个分量按照字典序排序，当第一个分量相同时第二个分量从小到大排序。

（4）首先根据第二个分量从小到大排，当第二个分量相同时根据第一个分量的字典序排序。

4.7　使用函数重新实现猜拳游戏（见习题 3.7）。假设游戏规则如下：

- 采取三局两胜的计分方法。
- 一局经过多轮出拳决定胜负，先胜出两次的出拳者为本局胜者。
- 一个玩家是用户，另一个玩家是计算机。

请先把问题分解，对相对独立的不同问题设计不同的函数。例如，分解可能是这样的：

- 定义一个函数决定一轮出拳的胜者。
- 定义一个函数判定一局的胜者（可利用前一个函数）。
- 定义一个函数判定整个游戏的胜者（可利用前面定义的函数）。

请先写出方法和算法，最后再写成代码。

4.8　使用函数重新实现猜数游戏（见习题 3.8）。

第 5 章

调试与测试

调试是纠正错误的过程，测试是设法检查程序中是否存在错误的过程。程序调试和测试是保证程序质量的重要方法。

5.1 调试

人们在编写程序过程中会犯各种错误，包括语法错误、语义错误和运行时错误。查找错误并改正错误的过程称为**调试** (debug)[①]。调试无论对毫无经验的初学者还是有一定经验的程序员都是非常费时的过程。

5.1.1 语法错误

语法错误 (syntax error)，顾名思义，就是不符合程序设计语言语法规则的错误，例如 Python 语言的缩进问题、漏掉冒号、打字错误、括号不匹配等。这些错误通常可由编译器或者解释器发现并报告，因此也比较容易发现、定位并修正。

对于解释器报告的错误位置，如果该位置似乎不存在错误，需要仔细检查前面的代码行是否有问题。例如，运行下面两行代码：

```
n = int(input('请输入一个整数 n:')
sum = 0
```

解释器报告错误 "SyntaxError: invalid syntax"，并指向第二行赋值语句，但是第二行赋值语句显然没有问题。仔细查看发现，第一行代码中括号不匹配。这里错误位置指向第二行的原因是，解释器认为第一行命令未完，可能在第二行继续，但是在第二行没有发现预期的括号。

5.1.2 语义错误

语义错误（semantic error，也称逻辑错误）是指程序不能给出正确结果，或者不能按照预期工作。这类错误并不会让编译器或者解释器返回一个错误信息，只有在程序运行期间或者运行之后才会发现。

例如，从键盘输入两个数值，然后打印它们的平均值：

[①] 英语文献中通常用 bug（虫子）表示程序中的错误，debug 意为去除虫子。

```
a = eval(input())
b = eval(input())
print('Average of ', a, 'and', b, ':', a+b/2)
```

输入 1 和 2，结果显示 1 和 2 的平均值为 2.0。错误在于没有正确处理加法和除法的优先级问题。

具有语义错误的程序可能在运行时崩溃，返回一个错误信息；也可能在运行时不会崩溃，但是返回的结果不正确，或者其表现不是程序的预期行为。这类错误也是最难定位和修正的错误。

另外一类错误称为**运行时错误** (runtime error)，因为这类错误在程序运行时发生，例如列表索引越界（IndexError）、类型错误（TypeError）或者程序打开文件时出错（如 IOError）。

例如，下面的程序试图打印一个二元组的两个分量：

```
p = (1, 2)
print(p[1],p[2])
```

运行时显示"IndexError: tuple index out of range"，因为正确的存取方法是 p[0] 和 p[1]。

再如，以下程序要求用户输入一个整数 n，然后对后续输入的 n 个数求和，并打印结果：

```
n = int(input('请输入一个整数n:'))
sum = 0
for i in range(n):
    x = input()
    sum += x
print(sum)
```

在 IDLE 下执行 Check Module 命令没有发现语法错误；但是执行 Run Module 命令，程序在运行过程中发生错误：

```
TypeError: unsupported operand type(s) for +=: 'int' and 'str'
```

以上信息报告第 5 行代码中的赋值运算不支持 int 类型和 str 类型相加。改正的方法是先将 x 转换为数值类型再相加。

5.1.3　调试基本技术

调试程序的第一步是找到错误，然后分析错误原因，并改正错误。

定位错误的基本方法是跟踪程序变量的状态或值，基本技术是在程序中适当位置插入 print 语句，查看变量的值是否等于预期值。

打印变量值语句可以选择以下插入位置：

- 程序的中部，根据变量的值确定错误在插入位置之前或者之后。

调试基本技术

- 循环开始前和结束后，确定错误位置在循环内还是循环外。
- 循环内部，进一步确定循环体内的错误位置。

例5.1 下面的代码中函数isPal检查字符列表是否构成回文，即从前往后和从后往前是同一个列表。例如，['a','b','a']和['a','a']都构成回文，但是['a','b','b']和['b','a']不是回文。[①]

```
def isPal(x):
    assert type(x) == list
    temp = x
    temp.reverse
    if temp == x:
        return True
    else:
        return False


def silly():
    n = int(input('enter length n:'))
    for i in range(n):
        result = []
        elem = input('Enter element: ')
        result.append(elem)
    if isPal(result):
        print('Yes')
    else:
        print('No')
```

函数silly()提示用户输入列表长度和列表的各个元素，构造一个列表，然后调用函数isPal()判断该列表是不是回文，最后打印函数 isPal()的判断结果。

以下通过调用函数silly()检查程序中是否存在问题。分别输入长度为 1、2、3 等的字符列表，查看判断结果是否正确。

注意，运行本例代码需要将源程序文件用UTF-8编码存储，并在源文件顶部说明编码使用UTF-8，即添加#coding=utf-8。

第一次尝试

输入长度为 1 的列表，结果输出 Yes，正确。输入一个长度为 2 的列表，如['a','b']，打印结果也是 Yes，结果显然是错误的。为此，在 silly()中插入 print 语句，查看调用isPal()的输入参数 result 是否正确。

```
def silly():
    n = int(input('enter length n:'))
    for i in range(n):
```

[①] 本例来自 edx.org 课程 MITx:6.00.1x "Introduction to Computer Science and Programming Using Python"。

```
            result = []
            elem = input('Enter element: ')
            result.append(elem)
        print('result = ',result)  # 查看构造列表result是否正确
        if isPal(result):
            print('Yes')
        else:
            print('No')
```

第二次尝试

再次调用silly()，长度为 2，依次输入元素 a 和 b，结果发现输出为

```
result = ['b']
```

而不是期望的result = ['a', 'b']。说明 silly()中 for 循环结束后并没有正确地构造输入列表。为此，可以继续查看 for 循环代码，或者在 for 循环体中 append 之后查看result 结果是否正确。

```
def silly():
    n = int(input('Enter length n:'))
    for i in range(n):
        result = []
        elem = input('Enter element: ')
        result.append(elem)
        print('第', i, '次append之后 result = ', result)

    print('result =', result)   # 查看构造列表result是否正确
    if isPal(result):
        print('Yes')
    else:
        print('No')
```

第三次尝试

在循环体内添加打印语句后再次调用silly()，结果发现，每次 append 之后列表总是只有一个元素：

```
第 0 次append之后 result =  ['a']
Enter element: b
第 1 次append之后 result =  ['b']
```

仔细检查 for 循环发现，列表 result 每次循环都要初始化，但是，result 本应在 for 循环前只初始化一次。改正的方法是将初始化语句移到 for 循环之前。修改后的 silly()函数如下：

```
def silly():
    n = int(input('enter length n:'))
    result = []
    for i in range(n):
        elem = input('Enter element: ')
        result.append(elem)
        # print('第', i, '次append之后 result = ', result)

    # print('result =', result)    # 查看构造列表result是否正确
    if isPal(result):
        print('Yes')
    else:
        print('No')
```

第四次尝试

再次调用函数silly()，发现构造的输入列表result正确。

现在可以确定函数silly()中调用isPal(result)的输入正确，因此断定错误在函数isPal()中。

因为函数isPal()中通过检查输入 x 和它的逆 temp 来判断 x 是否回文，所以，可以在判断前插入print 语句，检查 x 和 temp 的值。

```
def isPal(x):
    assert type(x) == list
    temp = x
    temp.reverse
    print('x = ', x)
    print('temp = ', temp)
    if temp == x:
        return True
    else:
        return False
```

第五次尝试

调用silly()，输入长度仍然为 2，输入元素 a 和 b，结果发现输出为

```
x =  ['a', 'b']
temp =  ['a', 'b']
```

可见 temp 并不是我们期望的 x 的逆。仔细查看代码发现，在 temp 上调用方法 reverse 的语句有错误，漏掉了括号，即应该使用temp.reverse()。

第六次尝试

纠正错误后重新运行silly()，输出以下结果：

```
x =  ['b', 'a']
temp =  ['b', 'a']
```

此时发现 temp 确实是原来输入的['a','b']的逆，但是 x 也变成了它原来的逆，这不是我们期望的。我们期望 x 不变，temp 是 x 的逆。仔细查看代码发现，赋值语句temp = x使得 x 和 temp 指向同一个对象['a', 'b']，结果在下一个语句temp.reverse()之后，x 和 temp 仍然指向将输入变成逆的同一个对象['b', 'a']。两个不同的变量指向同一个对象的**别名问题** (alias) 容易导致这类难以发现的错误。解决该问题的方法是，让 temp 取 x 的副本，即将赋值语句temp = x 改为temp = x[:]。修改后的函数如下：

```
def isPal(x):
    assert type(x) == list
    temp = x[:]
    temp.reverse()
    print('x = ', x)
    print('temp = ', temp)
    if temp == x:
        return True
    else:
        return False
```

第七次尝试

调用silly()，输入不同的列表，发现结果正确。

5.2　测试

如果一个程序是正确的，那么它对于任意合法输入都能给出正确的输出。例如，一个对于整数列表从小到大排序的程序，其正确性含义是：对于任意整数序列 xs，程序都应该给出 xs 从小到大的重新排列。编写程序是非常容易犯错误的过程。为了降低排序程序包含错误的可能性，应该设计大量的整数列表输入作为测试用例，并观察每个输出的结果是否正确。这种设法发现软件中错误的过程称为**软件测试** (software testing)，用于执行测试的输入称为**测试用例** (test case)。

软件测试按照是否运行程序可以分为静态测试和动态测试。静态测试主要通过阅读代码发现错误，动态测试则需要在计算机上执行代码。动态测试按照与程序结构的相关性分为**白盒测试** (white box testing) 和**黑盒测试** (black box testing)。白盒测试要根据程序结构设计测试用例，并让测试达到一定覆盖率，例如要求测试的运行能够覆盖程序中的所有语句，即所有语句或者分支都得到至少一次运行，或者所有可能的执行路径都得到执行。黑盒测试则根据软件功能或者规格说明设计测试用例，并要求测试用例覆盖输入的各种情况。软件测试按照是否需要人工干预分为人工测试和自动测试。

下面以 5.1.3节中的函数 isPal() 为例简单介绍黑盒测试。

测试的概念和方法

5.2.1　程序的规格说明

一个程序的**规格说明** (specification) 是程序功能的具体描述，包括程序的合法输入以及对应的正确输出。例如，每个函数的文档串可被看作一个函数的简化规格说明。程序的规格说明是测试程序的重要依据。以函数 isPal() 为例，它的合法输入包括哪些列表？合法输入只包括字符的列表，如 ['a','b','a']，还是包括字符串的列表，如 ['ab','ba']？如果是字符列表，那么字符范围是什么？是否同时包括大小写？是否包括数字字符，如'1'、'2'？如果同时包括大小写，那么输入列表 ['a','A'] 的输出是'Yes'还是'No'？所有这些都应该在规格说明中给出明确说明，这样函数的实现、使用以及测试才有依据。

这里假定 isPal() 的合法输入是 26 个英文小写字母构成的列表，例如 ['a', 'b', 'a']、['a'] 是合法输入，而 ['A','2'] 则不是合法输入。如果一个列表和它的逆完全相同，则称为回文；否则不是回文。依据这样的规格说明便可以给出下面的实现：

```
def isPal(x):
    """x是26个英文小写字母构成的列表，如[]、['a']、['a','b','a']
    和['a','z']。如果x和它的逆完全相同，则返回True；否则返回False。
    例如，对于以上前3个输入返回True，对第4个输入返回False
    """
    temp = x[:]
    temp.reverse()
    if temp == x:
        return True
    else:
        return False
```

5.2.2　人工测试

这里只考虑对于合法输入，函数是否给出正确的期望结果。因为 isPal() 的合法输入是无穷的，但是只能测试有限个输入作为测试用例。如何选择测试用例是测试的关键问题。一般来说，选择的测试用例应该尽可能多，尽可能覆盖各种可能类型的输入。例如，如果把输入分成奇数长度和偶数长度，那么输入既要有奇数长度的输入列表，也要有偶数长度的输入列表。对于同一长度的输入，既要有回文的列表，也要有不是回文的列表。测试输入还要特别覆盖边界或者极端的情况。例如，长度为 0 是极端的情况；长度为 1 也比较极端，因为长度为 1 的列表都是回文。再如，同一个字符构成的列表，如 ['a']、['a','a']、['a','a','a'] 等，也是极端的情况。

如果在测试中发现错误，那么改正错误后不仅要测试原先发生错误的测试用例现在是否给出正确输出，而且需要对所有的测试用例重新进行测试，称为**回归测试** (regression test)，这是因为在改正错误的过程中可能引入新的错误。

另一种选择测试输入的方法是随机法，即让计算机生成随机输入，然后人工检查输出是否正确。例如，函数 gen_str(n) 生成长度为 n 的随机字符列表，函数 auto_test(n) 生成 n 个随机输入并打印 isPal() 的判断结果：

```python
def gen_str(n):
    """生成长度为n的小写字母列表"""
    cs = string.ascii_lowercase
    result = []
    for i in range(n):
        result.append(random.choice(cs))
    return result


def test(n):
    """随机生成n个字符列表，并查看判断结果"""
    for i in range(n):
        k = random.randint(1,10)
        s = gen_str(k)
        b = isPal(s)
        print(s, b)


n = int(input())
test(n)
```

5.2.3　自动测试

因为人工输入测试用例并检查输出是否正确效率很低，所以，如果能让计算机生成测试用例，并判断结果是否正确，则可大大提高测试效率。对于本例，一种可能是编写生成给定长度的回文列表，然后调用函数 isPal()，并检查结果是否为 True，如果不是，则报告错误，并停止测试。当然，这个生成的回文要确保是正确的回文，而且具有代表性，例如是随机生成的回文列表。例如，下面的函数 gen_panlindrome(n) 生成长度为 n 的随机回文列表：

```python
def gen_panlindrome(n):
    """生成长度为n的回文"""
    k = n//2
    result1 = gen_str(k)
    result = result1[:]
    cs = string.ascii_lowercase
    if n%2 == 1:
        result.append(random.choice(cs))
    for i in range(k):
        result.append(result1[k-i-1])
    return result
```

这里使用了模块 string 提供的常量 ascii_lowercase：

```
>>> string.ascii_lowercase
'abcdefghijklmnopqrstuvwxyz'
```

另外使用了 random 模块的 choice() 函数，choice(cs) 返回参数 cs 中随机选择的元素：

```
>>> random.choice(cs)
'q'
>>> random.choice(cs)
's'
```

在此基础上，可以编写自动测试函数 auto_test()：

```
def auto_test(n):
    """随机生成n个回文列表，并判断结果是否正确。
        如果isPal()返回False,则报告错误，终止测试
    """
    for i in range(n):
        k = random.randint(1,10)
        s = gen_panlindrome(k)
        b = isPal(s)
        if not b:
            print(s, b)
            break
    else:
        print('Done')

auto_test(n)
```

当然，另一方面还应该测试输入不是回文列表时 isPal() 判断结果是否正确。

习题

5.1　设计一个函数，检查一个字符串是否回文：

```
def ispanlindrome(s):
    """判断字符串s是否回文。
        如果s是回文，则返回True, 否则返回False
    """
```

注意，函数用 return 返回 True 或者 False，不需要打印信息。另外，本章例子中 isPal() 函数输入实际上是字符列表，不是字符串。

5.2　设计一个能够随机生成给定长度字符串的函数：

```
def genstring(n):
    """返回长度为n的随机生成的字符串"""
```

　　注意，可以只考虑小写的字符串，只含 26 个英文字母。要用 return 返回一个指定长度的随机字符串。另外，可以考虑使用常量 string.ascii_lowercase，每次随机取其中一个字符构造一个给定长度字符串。

5.3　实现一个总是随机生成指定长度字符串回文的函数：

```
def genpanlindrome(n):
    """随机生成长度为n的字符串回文"""
```

5.4　尝试使用下列框架测试习题 5.1 中的函数 ispanlindrome()：

```
def test():
    n = int(input('type some int:'))
    #根据n的值生成随机的回文或者随机字符串
    if random.randint(0,1) ==0:
        s = genpanlindrome(n)
    else:
        s = genstring(n)
    b = ispanlindrome(s)
    if b:
        print(s, 'is a panlindrome')
    else:
        print(s, 'is not a panlindrome')
```

5.5　设计一个函数，可以进行任意给定多次的测试。例如：

```
请求用户输入一个测试次数N
for i<- to N:
    生成一个随机长度n
    生成一个长度为n的随机回文s
    如果s是回文，打印s和ispanlindrome(s)的结果
    如果s不是回文，则打印s和ispanlindrome(s)的结果，并停止测试
```

5.6　设计一个类似于习题 5.4 的函数，生成任意多个随机字符串，检查 ispanlindrome() 的判断结果。

递 归 函 数

6.1 递归函数的概念

如果一个算法定义调用了自己，则称之为**递归算法** (recursive algorithm)。同样，如果一个函数定义调用了自己，则称之为**递归函数** (recursive function)。

分治法 (divide and conquer) 是人们常用的一个解决问题策略：将一个问题分解成几个小问题，分别解决小问题，然后将小问题的解组合成原问题的解。如果分解后的小问题和原问题相同，但是规模小，此时便可用同样的方法去解决小问题，这就是**递归** (recursion)。

6.1.1 阶乘和幂函数的递归定义

计算 $n!$ 的数学定义为

$$n! = n \times (n-1) \times \cdots \times 2 \times 1 \tag{6.1}$$

因为 $n \times (n-1) \times \cdots \times 2 \times 1 = n \times ((n-1) \times \cdots \times 2 \times 1)$，按照定义，$(n-1) \times \cdots \times 2 \times 1$ 就是 $(n-1)!$，因此定义（6.1）可以写成

$$n! = n \times (n-1)! \tag{6.2}$$

按照这种模式，对于任意 $n \geqslant 1$，计算 $n!$ 可以先算 $(n-1)!$，然后将其与 n 相乘求得；计算 $(n-1)!$ 可以用同样的方法，即先计算 $(n-2)!$，然后将其与 $n-1$ 相乘求得；如此反复下去。例如：

$$3! = 3 \times 2!$$
$$= 3 \times (2 \times 1!)$$
$$= 3 \times (2 \times (1 \times 0!))$$

但是，$0!$ 则不可以再继续分解下去，应该给出直接的结果 $0! = 1$，由此可以计算出 $3! = 6$。所以，对于任意 $n \geqslant 0$，可以用两条规则定义如何计算 $n!$：

$$0! = 1 \tag{6.3}$$
$$n! = n \times (n-1)! \quad (n \geqslant 1) \tag{6.4}$$

这就是计算阶乘的递归定义，其中式（6.3）称为**递归基** (base case)，表示该问题最简单情况的直接解；式（6.4）称为**递归步** (step case)，表示一般情况下如何求解问题，其中等号右边的 $(n-1)!$ 称为**递归调用** (recursive call)。

　　一个递归函数定义必须包含（一个或者多个）递归基和递归步，而且递归步等式右边递归调用的参数（如 $n-1$）要小于等式左边的参数（如 n），由此保证有限次使用递归步后能够归结到递归基，最终给出解。这也叫递归的终止性。

　　将 $n!$ 这样的递归函数定义翻译成 Python 递归函数是很直接的：

```
def fac(n):
    if n == 0:
        return 1
    else:
        return n * fac(n-1)
```

注意，因为函数 fac(n) 返回 $n!$ 的整数值，同样 fac(n-1) 将返回 $(n-1)!$ 的值，所以，n*fac(n-1) 就是 $n!$，可以直接返回该表达式作为 fac(n) 的结果。

　　再如，计算 a^n，n 是自然数，其数学递归定义为

$$a^0 = 1$$
$$a^n = a \times a^{n-1}$$

因此，翻译成 Python 递归函数为

```
def power(a, n):
    if n == 0:
        return 1
    else:
        return a * power(a, n-1)
```

为了减少乘方定义中计算乘法的次数，可以使用如下定义：

$$a^0 = 1$$
$$a^{2n} = (a^n)^2$$
$$a^{2n+1} = a \times (a^n)^2$$

优化后的 Python 函数定义如下：

```
def power2(a,n):
    if n == 0:
        return 1
```

```
else:
    k = n//2
    r = n % 2
    b = power2(a,k)
    if r == 0:
        return b*b
    else:
        return a*(b*b)
```

6.1.2　列表上的递归

列表上的操作往往可以通过递归完成。例如，求列表 A 的长度可以用递归方法：

（1）（递归基）如果列表 A 为空，则长度为 0。

（2）（递归步）列表 A 的长度是除第一个元素 $A[0]$ 之外尾部列表 $A[1:]$ 的长度加 1。

注意，这里尾部列表 $A[1:]$ 是比原列表 A 规模小的输入，而且求其长度与原问题类似。因此，求列表长度函数可以如下实现：

```
def mylen(aList):
    """返回列表aList中的元素个数"""
    if aList == []:
        return 0
    else:
        return 1 + mylen(aList[1:])
```

列表上的
递归

再如，求非空列表 A 的最大元素。

（1）（递归基）最简单的非空列表 A 长度为 1，包含一个元素，此时答案便是该元素，即 $A[0]$。

（2）（递归步）如果列表长度大于或等于 2，则可以先求尾部列表 $A[1:]$ 的最大元素，然后跟列表的第一个元素 $A[0]$ 比较，求得最大元素。

由此可以编写下列代码：

```
def mymax(aList):
    """返回非空列表aList的最大元素"""
    if len(aList) == 1:
        return aList[0]
    else:
        x = aList[0]
        y = mymax(aList[1:])
        return max(x, y)
```

6.1.3　字符串上的递归

字符串作为一种序列结构也可以使用递归。例如，判断一个字符串是否回文，可以通过检查首尾字符是否相同，以及除首尾字符外的子串是否回文来解决。例如'aba'，首尾字符相同，去除首尾字符后的子串（'b'）是回文。再如，'abc'首尾字符不相同，故不是回文；'abca'首尾字符相同，接着判断中间的子串'bc'是否回文，根据同样的方法，因为该串的首尾字符不相同，故不是回文。因此，可以用下列递归方法判断字符串 s 是否回文：

(1)（递归基）最简单的情况是 s 是空串，可以认为是回文。

(2)（递归基）字符串 s 长度为 1，也是回文。

(3)（递归步）检查首尾字符 $s[0]$ 和 $s[-1]$ 是否相同。如不相同，则不是回文；如果首尾字符相同，则只要检查除首尾字符外的子串 $s[1:-1]$ 是否回文即可。

注意，以上递归解包含两个基本情况，即有两个递归基。递归算法的实现如下：

```python
def ispanlindrome(s):
    """如果s是回文，则返回True,否则返回False"""
    if len(s) <= 1:
        return True
    elif s[0] != s[-1]:
        return False
    else:
        return ispanlindrome(s[1:-1])
```

6.1.4　汉诺塔

汉诺塔 (Hanoi tower) 是一个典型的递归求解例子。问题描述如下。现有 n 个盘子按照大小放在 start 柱子上 [见图 6.1(a)]，目标是按照以下规则将其移至 end 柱子上 [见图 6.1(b)]：

- 每次在 3 个柱子之间移动一个盘子。
- 只能将较小的盘子放在较大的盘子上。

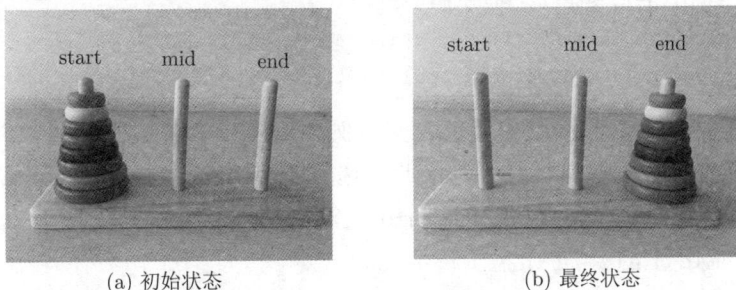

(a) 初始状态　　　　　　　　　　(b) 最终状态

图 6.1　汉诺塔

汉诺塔很容易使用递归方法解决，问题的求解过程见图 6.2。

对于 n 个盘子的汉诺塔问题，可以先解决将上面的 $n-1$ 个盘子移到中间柱子上 [见图 6.2(b)] 的问题，这个问题和原问题类似，但是问题规模小，因此可以用递归完成。在此基础上，可以将最大的第 n 个盘子移到目标柱子上 [见图 6.2(c)]，最后将中间柱子上的 $n-1$ 个盘子移到目标柱子上 [见图 6.2(d)]，这个任务也可以使用递归完成。由此可以设计出下面的递归函数：

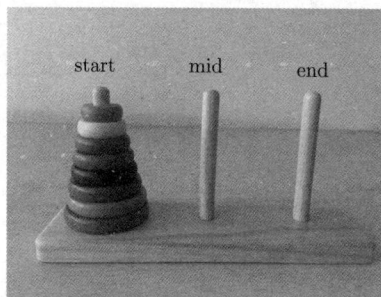

(a) n个盘子的初始状态

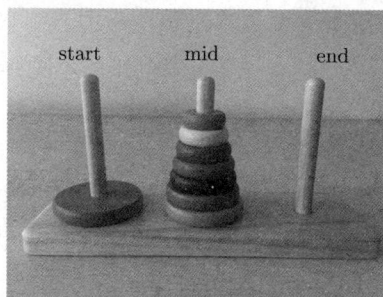

(b) 递归地解决前$n-1$个盘子问题后的状态

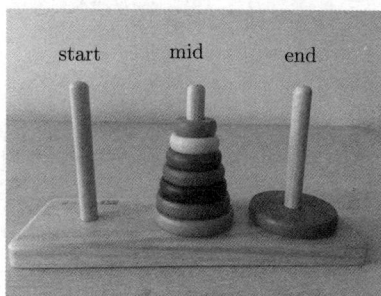

(c) 移动第n个盘子后的状态

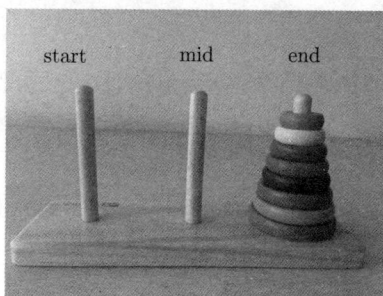

(d) 递归地解决$n-1$个盘子问题后的最终状态

图 6.2　汉诺塔递归求解过程

```python
def hanoi(n, start, mid, end):
    """将n个盘子从start柱子移至end柱子上，mid柱子作为辅助柱子"""
    if n == 0:
        return
    else:
        hanoi(n-1, start, end, mid)
        print('move', n, 'from', start, 'to', end)
        hanoi(n-1, mid, start, end)
```

注意函数的参数名和参数位置的含义。例如，第二个参数和最后一个参数分别表示目前盘子所在的柱子和目标柱子。因此，递归调用 hanoi(n-1, start, end, mid) 表示将 start 上的$n-1$个盘子移至 mid 上，递归调用 hanoi($n-1$, mid, start, end) 表示将 mid 上的$n-1$个盘子移至 end 上。

下面显示移动 3 个盘子的运行结果：

```
>>> hanoi(3, 'start', 'tmp', 'end')
move 1 from start to end
move 2 from start to tmp
move 1 from end to tmp
move 3 from start to end
move 1 from tmp to start
move 2 from tmp to end
move 1 from start to end
```

6.2　递归和迭代

6.2.1　斐波那契数列的递归定义

斐波那契数列定义为 $1,1,2,3,5,8\cdots$，可以注意到，除第一个和第二个数外，以后每个数都是前两个数的和。其数学定义为

$$f_0 = 1$$
$$f_1 = 1$$
$$f_n = f_{n-1} + f_{n-2} \quad (n \geqslant 2)$$

注意，这个递归定义包含两个递归基。计算第 n 个斐波那契数的 Python 递归函数如下：

```python
def fib_recursive(n):
    """returns the n-th Fibnacci number, n=0,1,2,..."""
    if n <= 1:
        return 1
    else:
        return fib_recursive(n-1) + fib_recursive(n-2)
```

但是，如果计算较大的值，则程序需要花较长时间计算结果，原因是其中重复调用计算太多。例如，添加打印语句，打印调用总次数：

```python
def fib_recursive(n):
    """returns the n-th fibnacci number, n=0,1,2,..."""
    global numCalls
    numCalls += 1
    if n <= 1:
        return 1
    else:
        return fib_recursive(n-1) + fib_recursive(n-2)
```

递归和迭代

这里使用了一个全局变量 numCalls，以便每次函数被调用时都被计数。例如，将包含以上定义的脚本命名为 fib.py，进入解释器，导入模块 fib，计算第 10 个斐波那契数并查看函数的调用次数：

```
>>> import fib
>>> fib.numCalls = 0
>>> fib.fib_recursive(10)
89
>>> print(fib.numCalls)
177
```

可见，计算第 10 个斐波那契数时函数被调用了 177 次！其中有很多重复的计算。注意，在交互模式下使用模块 fib 的全局变量和函数时需要加前缀“fib.”。

6.2.2 斐波那契数列的迭代定义

对于 6.2.1 节的例子，不难写一个迭代的计算程序：

```python
def fib_iterative(n):
    """returns the n-th fibnacci number, n=0,1,2, ..."""
    f0 = 1
    f1 = 1
    if n <= 1:
        return 1
    i = 1
    while (i < n):
        f0, f1 = f1, f0+f1
        i += 1
    return f1
```

另一种有效的版本是用一个字典记下过去计算过的值，需要时从字典中查看：

```python
def fib_efficient(n, d):
    global numCalls
    numCalls += 1
    if n in d:
        return d[n]
    else:
        ans = fib_efficient(n-1, d) + fib_efficient(n-2, d)
        d[n] = ans
        return ans
```

再来看调用次数：

```python
>>> fib.numCalls = 0
>>> d = {0:1,1:1}
>>> fib.fib_efficient(10, d)
89
>>> print(fib.numCalls)
19
```

从以上例子看出，递归是非常有效的方法，但是通常效率比较低。

6.3   查找与排序

查找和排序是常见的问题，也是使用递归的典型例子。本节介绍几种典型的查找和排序方法及其实现。

简单的查找问题是：给定一个列表 A 以及另一个元素 x，问 x 是否在 A 中出现。例如，$A = [1,3,2,4]$，那么 $x = 3$ 在 A 中出现，而 $x = 10$ 在 A 中没有出现。

排序问题是：给定一个列表 A，要求按照元素的大小将列表 A 中的元素重新从小到大排列。例如，$A = [5,2,3,2,1,4]$，A 排序的结果是 $[1,2,2,3,4,5]$。

6.3.1　二分查找

二分查找要求给定的列表 A 从小到大有序，此时，查找 x 是否在 A 中出现时无须查看 A 的每个元素。

【方法】　二分查找可以如下进行：

（1）（递归基）如果 A 是空列表，则返回"没有出现"。

（2）（递归步）取得列表 A 的中间元素 $y = A[n/2]$，其中 n 是 A 的长度，然后根据 x 与 y 的比较结果分情况处理：

- 如果 x 与 y 相等，则返回"出现"。
- 如果 $x < y$，则 x 是否在 A 中出现变成了查找 x 是否在列表 A 的前半部分出现的问题，可以用递归完成。
- 如果 $x > y$，则 x 是否在 A 中出现变成了查找 x 是否在列表 A 的后半部分出现的问题，同样可以用递归完成。

例如，$A = [1, 2, 2, 3, 4, 5]$，查找 $x = 4$，首先与中间元素 $A[3] = 3$ 比较，$x > A[3]$，因此到列表 $B = [4, 5]$ 中查找。在 $B = [4, 5]$ 中查找，此时列表 B 的长度 $n = 2$，首先将 x 与中间元素 $B[n/2] = B[1] = 5$ 比较，因为 $x < B[1]$，因此到列表 $C = [4]$ 上继续查找，将 s 与 $C[1/2] = C[0] = 4$ 比较，结果相等，查找成功。如果查找的元素是 $x = 6$，则第二次与中间元素 $B[1] = 5$ 比较之后，再到 B 的后半部分 $B[1:]$ 上查找，该列表空，因此查找以失败结束。

【算法】　根据以上分析的方法，写出伪代码形式的算法 6.1。

二分查找

算法 6.1　binsearch(L, x)

输入：L 是一个从小到大的整数序列，$n \geqslant 0$ 是 L 的长度，x 是一个整数

输出：如果 x 在 L 中出现，则返回 **True**，否则返回 **False**

 if $n = 0$ **then**

  return **False**

 $m \leftarrow n/2$

 if $A[m] = x$ **then**

  return **True**

 else

  if $A[m] > x$ **then**

   return binsearch(A[0:m],x)

  else

   return binsearch(A[m+1:],x)

【代码】　二分查找实现代码如下：

```python
def binsearch(aList, x):
    """aList是元素从小到大的列表。
        如果x在aList中出现，则返回True，否则返回False
    """
```

```
        if len(aList) == 0:
            return False
        else:
            mid = len(aList) // 2
            y = aList[mid]
            if x == y:
                return True
            elif x < y:
                return binsearch(aList[0 : mid], x)
            else:
                return binsearch(aList[mid+1 :], x)
```

注意，二分查找递归调用的结果要直接用 return 语句返回，去掉递归调用前的
return 则是错误的，因为这样一来函数的返回值将是 None。

对于二分查找特别要注意的是递归终止问题。这里可以保证的是递归调用的第一个
参数 aList[0:mid] 和 aList[mid+1:] 长度均小于原来的列表 aList，因此有限步递归调用
以后总能归结到递归基。如果不能保证这一点，则有可能造成死循环。

6.3.2　归并排序

归并排序是基于分治法的排序方法。

【方法】　对于列表 A 的归并排序方法如下：

（1）如果 A 最多包含一个元素，则 A 有序。

（2）否则，将列表 A 从中间分为前后两个子列表。例如，$A=[2,1,3,5,2,1,8,6]$，前半
部分子列表 $L = [2,1,3,5]$，后半部分子列表 $R = [2,1,8,6]$。然后将 L 和 R 分别进行
归并排序（递归）。

（3）设 L' 和 R' 分别是 L 和 R 排序后的有序列表，例如 $L' = [1,2,3,5]$，$R' =
[1,2,6,8]$，将有序列表 L' 和 R' 合并为一个有序列表，对于本例合并结果为 $[1,1,2,2,3,5,6,8]$。

在这个递归排序方法中，关键的步骤是实现第（3）步，即将两个有序列表合并为一
个有序列表的函数，可称之为归并函数。归并函数也可以用递归定义。

将两个有序列表 L 和 R 合并为一个有序列表的递归算法如下：

（1）如果 L 空，则结果是 R；同样，如果 R 空，则结果是 L。

（2）如果 L 和 R 均为非空列表，归并后的有序列表的第一个元素一定是 $L[0]$ 和
$R[0]$ 中较小的元素。比如 $L[0]$，其尾部是 $L[1:]$ 和 R 归并后的结果。

由此进一步得到下面细化的算法：

（1）如果 L 为空，则返回 R。

（2）如果 R 为空，则返回 L。

（3）如果 $L[0] \leqslant R[0]$，则归并结果列表的第一个元素为 $L[0]$，尾部为 $L[1:]$ 与 R
归并的结果。

（4）如果 $L[0] > R[0]$，则归并结果列表的第一个元素为 $R[0]$，尾部为 L 与 $R[1:]$ 归并的结果。

【算法】 用函数实现算法，排序和归并均返回一个新的列表。归并排序伪代码见算法 6.2，归并伪代码见算法 6.3。

算法 6.2 mergesort(A)

输入： A 是要排序的列表

输出： 返回 A 从小到大排序的列表

  $n \leftarrow \text{len}(A)$

  if $n \leqslant 1$ **then**

    return A 的拷贝

  $m \leftarrow n/2$

  $A_1 \leftarrow \text{mergesort}(A[0:m])$

  $A_2 \leftarrow \text{mergesort}(A[m:])$

  return merge(A_1, A_2)

算法 6.3 merge(A_1, A_2)

输入： A_1 和 A_2 是从小到大的有序列表

输出： 返回 A_1 和 A_2 归并后的有序列表

  if A_1 空 **then**

    return A_2 的副本 $A_2[:]$

  if A_2 空 **then**

    return A_1 的副本 $A_1[:]$

  if $A_1[0] \leqslant A_2[0]$ **then**

    return 列表 $[A_1[0]] + \text{merge}(A_1[1:], A_2[:])$

  else

    return 列表 $[A_2[0]] + \text{merge}(A_1[:], A_2[1:])$

归并函数的 Python 代码如下：

```python
def merge(bs, cs):
    """bs和cs均为从小到大的有序列表。
        函数返回bs和cs归并后的有序列表
    """
    if len(bs) == 0:
        return cs[:]
    elif len(cs) == 0:
        return bs[:]
    else:
        x = bs[0]
        y = cs[0]
        if x <= y:
            return [x] + merge(bs[1:],cs[:])
```

```
        else:
            return [y] + merge(bs[:],cs[1:])
```

最后，归并排序 Python 代码如下：

```
def mergesort(bs):
    """返回列表bs从小到大的重新排列"""
    if len(bs) <= 1:
        return bs[:]
    else:
        k = len(bs)//2
        xs = mergesort(bs[0:k])
        ys = mergesort(bs[k:])
        return merge(xs,ys)
```

注意，如果仔细查看归并排序 mergesort(bs) 的代码，那么归并排序对于输入列表 bs 的元素类型并没有明确要求，只要其中的元素可以进行 <= 比较，就均可以用它进行排序。包括数值类型、字符串和布尔型的基本类型数据都支持大小比较，元素为基本类型的多元组也支持大小比较。因此，排序函数可应用于**数值列表、字符串列表、布尔值列表和多元组列表**。在程序设计中，这种可用于多种不同类型的函数称为**多态** (polymorphic) 函数。

6.3.3 插入排序

插入排序也是一种简单排序方法。下面将分别介绍插入排序的方法、伪代码算法以及 Python 代码。

【方法】 对于列表 A 的插入排序方法如下：

(1) 如果 A 的长度小于或等于 1，则 A 已经有序。

(2) 如果 A 的长度大于 1，将除最后一个元素之外的前缀列表 $A[0:-1]$ 排序（递归）。

(3) 将最后一个元素 $A[-1]$ 插入到递归排序后的前缀列表 $A[0:-1]$ 中。

注意，这里 $A[0:-1]$ 表示不包含最后一个元素的前缀。

这里重点要实现第 (3) 步的插入函数：即假定 $A[0:-1]$ 从小到大有序，然后将 A 的最后一个元素 $A[-1]$ 插入 A 的适当位置，使得整个列表 A 有序。例如，$A = [1,2,2,5,1]$，其前缀列表 $[1,2,2,5]$ 有序，将最后一个元素 $A[4] = 1$ 插入到适当位置后变成有序列表 $[1,1,2,2,5]$。可以按照在有序前缀列表中从后往前逐个与插入的元素 $A[4] = 1$ 进行比较，直至遇到小于或等于 $A[4]$ 的元素 $A[0] = 1$，然后将 $A[4]$ 插入该元素的后面。在这个过程中，为了将插入元素 $A[4]$ 写在 $A[1]$ 位置而不覆盖原来的元素，需要在比较过程中将前缀中较大的元素后移一个位置。

【算法】 首先写出插入函数的伪代码形式的算法 6.4。

算法 6.4 insert(A,j)

输入: A 的前缀列表 $A[0], A[1], \cdots, A[j-1]$ 从小到大有序, j 是一个合法索引

输出: 将 $A[j]$ 插入其前缀列表使得 $A[0], A[1], \cdots, A[j-1], A[j]$ 从小到大有序, 其余元素不变

$x \leftarrow A[j]$ {将 $A[j]$ 记下, 以免被后面的移动操作覆盖}

$i \leftarrow j-1$

while $i \geqslant 0$ **and** $x < A[i]$ **do**

    $A[i+1] \leftarrow A[i]$ {$A[i]$ 右移, 给 x 留出位置}

    $i \leftarrow i-1$

$A[i+1] \leftarrow x$ {将 x 写入正确的插入位置}

在排序算法中, 为了便于在递归调用中指明列表 A 的前缀列表, 在排序算法中设置参数 j, 它表示前缀列表的最后一个元素的索引。如果对整个列表 A 排序, 则取 $j = \text{len}(A) - 1$。由此得到伪代码形式的算法 6.5。

算法 6.5 insertionsort(A,j)

输入: A 是要排序的列表, $0 \leqslant j \leqslant \text{len}(A) - 1$

输出: 将 A 的长度为 $j+1$ 的前缀列表 $A[0:j]$ (包括 $A[j]$) 从小到大重新排列 {如果前缀长度小于或等于 1, 则该前缀有序}

if $j \geqslant 1$ **then**

    insertionsort($A, j-1$)

    insert(A, j)

【代码】 6.3.2 节的归并排序并没有改变排序的输入列表, 而是通过备份列表, 最后返回一个有序的列表, 因此它是一个纯函数。下面实现的插入排序将在输入列表上直接进行, 调用 insertionsort(aList, len(aList)−1) 后 aList 是有序的。

首先实现第 3 步的插入函数:

```python
def insert(aList, j):
    """aList[0:j]从小到大有序,将aList[j]插入aList[0:j+1]的
        适当位置, 使得aList[0:j+1]有序, 但aList[j+1:]不变
    """
    x = aList[j]
    i = j-1
    while i>=0 and x < aList[i]:
        aList[i+1] = aList[i]
        i -= 1
    aList[i+1] = x
```

插入排序需要两个参数:一个是进行排序的列表,另一个表示列表前缀位置。Python 函数如下:

```python
def insertionsort(aList,j):
    """将aList索引从0到j(包括j)的前缀列表从小到大排序"""
```

```
if j >= 1:   # j<=0时指定的前缀最多有一个元素，已经有序
    # 将aList索引从0到j-1（包括j-1）的前缀列表排序
    insertionsort(aList, j-1)
    # 将aList索引为j的元素插入适当位置
    insert(aList, j)
```

对列表 A 进行插入排序时，只需要调用 insertionsort(A, len(A)−1) 即可。例如：

```
A = [2,1,3,4,2,1]
insertionsort(A,len(A)-1)
print('A = ', A)
```

显示结果 A = [1, 1, 2, 2, 3, 4]。

习题

6.1 6.3.2节的归并函数在递归步先确定了结果列表的第一个元素，然后使用递归。另一种方法是，先确定归并后的最后一个元素，它应该是$L[-1]$ 和$R[-1]$ 中较大的一个，如$L[-1]$，结果列表的前缀是$L[0:-1]$ 与 R 归并的结果。请按照这个思想重新实现归并函数，并比较两个实现有什么区别。

6.2 请实现 6.3.2节的归并函数的迭代版本。

6.3 利用 6.3.3节中的插入函数 insert 实现插入排序的另一个版本，方法是顺序调用 insert(aList,1), insert(aList,2), ⋯, insert(aList, len(aList)−1)。例如，第一次调用 insert(aList,1) 使得 aList 的前两个元素有序（注意，aList[0:1] 是有序的），第二次调用 insert(aList,2) 使得 aList 的前 3 个元素有序，等等。

6.4 实现下列函数：

```
def selection(aList, i):
    """将aList[i]与aList[i:]中的最小元素交换，
       但不改变其他元素，其中i是合法索引。
       例如，aList=[1,2,2,5,3,2], selection(aList, 3)将使得
       aList[3]=5与aList[3:]=[5,3,2]中的最小元素2交换，
       结果是aList=[1,2,2,2,3,5]
    """
```

6.5 基于习题 6.4 的函数 selection() 可以实现选择排序，其方法是顺序调用 selection(aList, 0), selection(aList, 1), ⋯, selection(aList, len(aList)−2)。请用这种方式实现选择排序。

6.6 请实现二分查找的迭代版本。该函数将有 4 个参数：有序列表 A、查找对象 x 以及表示当前查找范围的索引 i 和 j，即当前在 $A[i:j]$ 上查找 x。每次取得 $A[i:j]$ 中间元素与 x 比较后，根据比较结果修改查找范围，直至查找范围空或者只有一个元素。

6.7 定义两个 3 字母的单词是等价的，如果它们只有一个字母不同。一个 3 字母的单词只要与桶里的一个单词等价，就把它放进该桶里。求一个 3 字母单词列表中有多少个不同的桶。例如，用列表表示桶，输入单词列表 ['abc', 'aac', 'cbc','sss','tss','sts', 'cba','oop']，则需要 3 个桶：['abc','aac','cbc','cba']、['sss','tss','sts'] 和 ['oop']；如果输入单词列表 ['abc', 'acd', 'bac','acc', 'bcc']，则只需要一个桶。

## 第 7 章

文件和异常处理

7.1 文件读写

通常数据存储在计算机硬盘或者 U 盘等外部设备上，称为**文件** (file)。处理这些数据时，首先需要将文件中的数据读入计算机内存。程序运行的结果可以显示到屏幕上，但是如果希望长久保留这些结果，或者输出数据量很大，则需要将输出数据用文件的形式写入外部设备（如硬盘或者 U 盘）。文件的读写分 3 步：打开文件、读写文件、关闭文件。Python 为此都提供了方便的操作方法。

7.1.1 打开文件

要读写文件，首先需要创建一个文件对象，将其与一个物理文件关联。打开文件的格式为

f = open('filename', 'r')

其中，第一个参数是文件名；第二个参数表示打开文件的模式，即"读"('r')、"写"('w') 还是"追加"('a') 等。如果省略第二个参数，则按照默认的读模式（'r'）打开。

文件名可以包含路径，例如（在 Windows 系统中）：

```
>>> f = open('C:\\folder1\\folder2\\myfile.txt','r')
```

open 函数返回的文件对象是程序员处理文件的"手柄"，用户通过这个手柄对文件进行操作。

文件可以分为文本文件和二进制文件。文本文件（例如 Python 脚本文件）可以用文本编辑器打开、编辑和存盘。文本文件可以看作一个字符序列或者一个字符串，也可以看作由多行构成的串，每一行也是一个串。例如，文件 sampleFile.txt 由 3 行（3 个字符串）构成，命令 more 显示了该文件的内容：

```
>more sampleFile.txt
First line
Second line
```

```
and third line.
```

二进制文件不能用文本编辑器打开，需要用专用软件打开。例如，Word 文件和 PDF 文件都是二进制文件。如果以二进制方式打开文件，则打开模式参数为'b'。本章只考虑文本文件的处理。

7.1.2　读文件

文件对象提供多个读取文件内容的方法。

文本文件可以视为一个字符串，返回整个文件构成的串的方法为 read()。例如，下列代码读取整个文件，并显示构成整个文件的字符串：

```
>>> f = open('sampleFile.txt')
>>> whole_string = f.read()
>>> whole_string
'First line\nSecond line\nand third line.\n'
```

注意，每行文本后面有一个换行符(\n)。

文本文件可以视为由多行文本构成，每一行是一个字符串。读取文件一行构成的字符串的方法为 readline()。例如，下列代码依次读取 sampleFile.txt 的前两行：

```
>>> f = open('sampleFile.txt')
>>> first_line = f.readline()
>>> first_line
'First line\n'
>>> second_line = f.readline()
>>> second_line
'Second line\n'
```

文本文件可以看作多行文本构成的列表，返回所有行构成的列表的方法是 readlines()。例如，下列代码读取 sampleFile.txt 各行文本构成的列表，并显示该列表：

```
>>> f = open('sampleFile.txt')
>>> all_lines = f.readlines()
>>> all_lines
['First line\n', 'Second line\n', 'and third line.\n']
```

一种常用的遍历文件的方法是"for line in 文件对象"。例如，打开文件 sampeFile.txt，显示每行文本的长度：

```
f = open('sampleFile.txt')
for line in f:
    print(len(line))
```

以读取方式打开文件时，如果文件不存在，则返回 IOError。此时，可以使用异常处理机制处理，见 7.2节。

7.1.3 写文件

写文件时首先需要用写模式打开文件：

```
>>> f = open('filename', 'w')
```

然后用方法 write() 写入一个字符串 some_string；

```
>>> f.write(some_string)
```

如果写入的数据是数值，则需要先将其转换为字符串。例如：

```
>>> x = 100
>>> f.write(str(x))
```

注意，如果指定文件不存在，程序将新建该文件。如果指定文件已经存在，则写模式将会覆盖原先文件内容。如果想在文件末尾添加内容，打开文件时需要使用追加模式（'a'）：

```
>>> f.open(filename, 'a')
```

7.1.4 关闭文件和 with 语句

文件操作结束后，应该关闭文件，以便确保内容写入文件，并进行一些必要的收尾工作。关闭文件的方法为 close()：

```
>>> f.close()
```

对于读写文件这种涉及资源的编程模式，通过调用 open() 函数获得对文件的访问权限，然后读取文件内容，最后关闭文件。如果在此期间出现问题并产生了错误，那么代码有可能阻止关闭文件操作 close() 的执行，资源不能释放。对于这种无论如何都需要释放资源的处理，可以使用 Python 的 with 语句，即使在处理过程中出现错误，文件也会被关闭。

使用 with 语句处理文件的格式为

```
with 打开文件 as 文件对象名:
    文件操作
```

例如，打开读文件：

```
with open('sampleFile.txt', 'r') as f:
    file_contents =  f.readlines()
    for line in file_contents:
        print(line, len(line))
```

注意，这里无须显式地关闭文件，在 with 语句之后文件自动关闭，不可再读文件。
再如，打开文件在尾部添加：

```python
with open('sampleFile.txt', 'a') as f:
    f.write('This line is appended\n')
```

with 语句之后文件关闭，不可再写。

7.1.5　文件操作例子

下面是一个复制文件的例子。例如，文本文件 Armstrong.txt 包含下列内容：

```
I see trees of green, red roses too
I see them bloom for me and you
And I think to myself what a wonderful world
```

下列程序将文件 Armstrong.txt 复制到另一个文件 Armstrong2.txt：

```python
def copy_file():
    # 打开输入文件和输出文件
    infile = open('Armstrong.txt', 'r')
    outfile = open('Armstrong2.txt', 'w')

    # 从输入文件复制到输出文件
    countLines = countChars = 0
    for line in infile:
        countLines += 1
        countChars += len(line)
        outfile.write(line)
    print(countLines, "lines and", countChars, "chars copied")

    infile.close()   # 关闭输入文件
    outfile.close()  # 关闭输出文件
copy_file()
```

下面是使用 with 语句复制文件的代码：

```python
def copy_file():
    # 打开输入文件和输出文件
    with open('Armstrong.txt', 'r')  as infile,
        open('Armstrong2.txt', 'w') as outfile:
    # 从输入文件复制到输出文件
        countLines = 0
        countChars = 0
        for line in infile:
            countLines += 1
```

```
                countChars += len(line)
                outfile.write(line)
        print(countLines, "lines and", countChars, "chars copied")
    copy_file()
```

下面是一个处理数据文件的例子。假设文件 salaries.txt 包含 3 个人的姓名和年薪：

```
3
Alice    39443
Bob      29411
Dave     59372
```

其中第一行是正整数 3，表示下面有 3 条记录，每条记录中包含一个表示人名的字符串和一个整数。

下列程序打开文件 salaries.txt, 读取数据，计算平均年薪，然后将结果写入另一个文件 result.txt:

```
def readNumber():
    f = open('salaries.txt')
    n = f.readline()    # 读取第一行人数
    n = int(n)          # 转换为整数
    s = 0               # 年薪总计
    for i in range(n):
        line = f.readline()
        x = line.split()    # x为员工名和年薪构成的列表
        s += eval(x[1])     # x[1]为用字符串表示的年薪
    f.close()
    average = s/n       # 平均年薪
    f = open('result.txt', 'w')
    f.write('Average salaries for ' + str(n) + ' people is ' +
            str(average))
    f.close()
```

注意，将数值写入文件前，需要先将其转换为字符串。

可以查看文件 result.txt 的内容：

```
>more result.txt
Average salaries for the 3 people is 42742.0
```

7.1.6 使用 json 读写对象

使用文本文件的读写方法有时需要在字符串和其他类型之间转换。例如，文件中读取的数字需要使用 int() 等转换为数字，将一个数值写到文件中也需要使用 str() 首先将其转换为字符串。

模块 json 可以将 Python 对象直接写到文件中，或者从文件中直接读取对象，无须程序员自己实现转换。这些对象包括数值类型、布尔型、列表和字典。json 的方法 dump(obj, f) 将对象 obj 转换为字符串，然后存储到文件对象 f 中。将对象转换为字符串的过程称为**序列化** (serialization)。例如，下列代码将列表 listA 存储到文件 listData.txt 中：

```
>>> import json
>>> listA = [1, 1.23, True, 'simple']
>>> f = open('listData.txt', 'w')
>>> json.dump(listA, f)
>>> f.close()
```

下列代码将字典 dictA 存储到文件 dictData.txt 中：

```
>>> dictA = {'a':12, 'b':23, 'c':34}
>>> f = open('dictData.txt', 'w')
>>> json.dump(dictA, f)
>>> f.close()
```

json 的方法 load(f) 从文件对象 f 读取一个 Python 对象的序列化字符串，并重建 Python 对象，这种过程称为**反序列化** (deserialization)。例如，下列代码从上面两个文件中读取对象的序列化内容并重建列表和字典：

```
>>> f = open('listData.txt', 'r')
>>> listA = json.load(f)
>>> listA
[1, 1.23, True, 'simple']
>>> f.close()
>>> f = open('dictData.txt', 'r')
>>> dictA = json.load(f)
>>> dictA
{'a': 12, 'b': 23, 'c': 34}
>>> f.close()
```

注意，如果字典的关键字是数字，那么序列化后关键字变为串，因此反序列化后的字典可能不是原来序列化之前的字典。

7.2　异常和异常处理

7.2.1　异常

即使一个程序语法语义正确，运行时仍然有可能出错。例如，有下列代码：

```
w = float(input('type your weight in kg:'))    # 输入体重
h = float(input('type your height in m:'))     # 输入身高
bmi = w / h**2                                 # 计算bmi
print('Your BMI is', round(bmi,1))             # 显示结果
```

异常

假如运行时用户输入错误，例如输入了非数字符号：

```
type your weight in kg:65.3e
Traceback (most recent call last):
  File "bmi.py", line 7, in <module>
    w = float(input('type your weight in kg:'))
ValueError: could not convert string to float: '65.3e'
```

因为用户输入 65.3e，调用函数float('65.3e')引发 ValueError。这种运行时出现的错误称为**异常** (exception)。再如，在打开文件时，如果文件不存在，则引发文件不存在异常。

Python 为处理这种异常提供了异常处理机制，使得运行出现异常时不是简单地终止运行，而是可以对异常进行处理。

7.2.2　处理异常

对于以上用户输入错误引发的异常，可以在检测到异常时让用户重新输入：

```
try:
    w = float(input('type your weight in kg:'))
    h = float(input('type your height in m:'))
except ValueError:
    print('please input numbers, and try again')
    w = float(input('type your weight in kg:'))
    h = float(input('type your height in m:'))
bmi = w / h**2
print('Your BMI is', round(bmi,1))
```

最简单的异常处理模式为

```
try:
    <可能出现异常的代码块>
except <异常类型>:
    <出现异常时转去处理的代码块>
```

如果 < 可能出现异常的代码块 > 执行时出现异常，或者说**抛出** (throw) 异常，则马上检查异常是否与 < 异常类型 > 匹配。如果匹配，则执行 < 出现异常时转去处理的代码块 >；如果不匹配，则程序终止，并报告错误，此时称该异常没有被捕获，也没有得到处理。如果没有异常抛出，则程序跳过捕获异常的 except 语句，不执行 < 出现异常时转去处理的代码块 >。

对于以上例子，程序也可让用户反复输入，直至输入正确：

```
while True:
    try:
        w = float(input('type your weight in kg:'))
```

```
        h = float(input('type your height in m:'))
        break
    except ValueError:
        print('please input numbers, and try again')
bmi = w / h**2
print('Your BMI is', round(bmi,1))
```

一个 try 语句可以跟随多个 except 语句，处理多种异常。其一般形式为

```
try:
    <可能抛出异常的代码块>
except <异常类型1>:
    <处理异常类型1的代码块>
...
except <异常类型N>:
    <处理异常类型N的代码块>
except:
    <处理异常代码块>
else:
    <处理else情况代码块>
finally:
    <最后可能需要进行的清理>
```

如果 **try** 代码块有异常抛出，则按顺序检查匹配的异常类型，执行相应的处理代码块。最后一个 except 将捕获任何未被捕获的异常。如果没有异常抛出，则执行 **else** 处理块。如果存在 **finally** 代码块，则不论是否出现异常，**finally** 代码块都会在最后执行。

下面考虑计算 BMI 时两种可能出现的异常：

（1）height 或者 weight 的输入值不是数字，此时函数 input 抛出 ValueError 异常。

（2）输入 height 为 0，此时计算 BMI 的公式分母为 0，该赋值语句抛出 ZeroDivisionError。

处理以上两种异常的函数如下：

```
def bmi2():
    """compute BMI"""
    while True:
      try:
        height = float(input('input your height in meter:'))
        weight = float(input('input your weight in kg:'))
        result = weight / height **2
      except ValueError:
        print('input numbers and try again!')
      except ZeroDivisionError:
        print('height cannot be zero:')
```

```
        else:
            print(round(result))
            break
```

Python 提供了许多内建的异常，包括前面遇到的 NameError（未定义名称错误）、ValueError（值错误）、ZeroDivisionError （0 作除数错误）、IndexError（索引错误）、KeyError（关键字错误）以及下面讨论的 FileNotFoundError（文件不存在错误）等。

7.2.3　处理文件异常

以读取方式打开文件时，如果文件不存在，则返回 FileNotFoundError。此时，可以使用异常处理机制处理。

例如，下面的程序打开一个文件，如果文件不存在，程序提示用户输入正确的文件名。

```
file_name = 'data.txt'
while True:
    try:
        f = open(file_name)
        break
    except FileNotFoundError:
        print(file_name, "doesn't exist")
        file_name = input('type the file name: ')
```

再如，下面的函数提示用户输入文件名，然后显示该文件内容及其行数和字符数。如果用户输入的文件名不正确，则再次提示用户输入文件名。

```
def display_file():
    """用户输入文件名，程序显示该文件内容及其行数和字符数"""
    while True:
        try:
            inputfile = input('Input file name to display:')
            infile = open(inputfile, 'r')
            break
        except FileNotFoundError:
            print('File not exists. Input again!')
    countLines = countChars = 0
    for line in infile:
        countLines += 1
        countChars += len(line)
        print(line)
    infile.close()
    print(countLines, "lines and", countChars, "chars.")
```

习题

7.1 给定多行数据文本文件，例如：

```
3 6 23 12 45 64 23
2 3 5 4 321 112 12
...
```

其中每行有多个整数，整数之间由空格分隔，求其中的最大值。

7.2 给定多行数据文本文件（如习题 7.1），其中每行有多个正整数，正整数之间由空格分隔，求其中素数个数。

7.3 给定一个文本文件，其中包含某市某月车牌竞价信息，包含若干行，每行形如"401234198004118085 29570"，表示一位竞价人的身份证号和出价。例如：

```
401230197812061080    24596
401230197210049047    11293
...
401333198709276233    22495
```

假设本月有 10 个车牌竞拍。本题的任务是统计相关信息，包括最高成交价、最低成交价、平均成交价，并按照出价从高到低列出前 10 位出价人的身份证号和出价，并存入另一个文件中。例如，统计结果可能如下所示：

```
最高成交价：29979
最低成交价：244596
平均成交价：27513.3
总共有276人参与竞价
成交名单：
1434198403208117    29979
1234198303198120    29758
...
1230197812061080    24596
```

## 第 8 章

算法的性能

解决同一个问题的程序可能有多种，有的程序可以在几秒内得到运行结果，有的程序可能需要运行数小时。一个程序的优劣主要从运行时间以及运行时占用内存量来评价，分别称为程序的时间性能和空间性能。这些性能可以在运行程序时使用某些软件工具测量。但是，更多的时候只需要对程序实现的算法进行性能评估。这种评估可以在伪代码表示的算法上进行，评估结果为复杂度，通常用大 O 记号表示。本章介绍算法时间复杂度的基本知识。

8.1 算法的复杂度

8.1.1 时间复杂度的概念

一个算法的**时间复杂度** (time complexity) 是算法从开始运行到结束所花的时间。可以设想，算法的运行时间是输入规模的函数，通常用 $T(n)$ 表示，这里 n 是算法的输入规模。例如，排序算法输入规模可以理解为输入列表的长度。

因为算法的运行是一个个指令的执行过程，所以，假想一个能够运行算法的**计算模型** (computing model)，它可以在单位时间运行任何一条基本指令。所谓基本指令指赋值语句、表达式的比较和输出语句，而且该指令涉及的表达式计算或者操作不依赖于输入规模，具体包括以下计算或操作：

- 计算一个基本类型（数值型、布尔型、字符型）表达式的值。
- 计算两个基本类型表达式的值并进行比较。
- 计算一个基本类型表达式的值并将其赋给一个变量。
- 输出一个基本类型表达式或者变量的值。

如果一个赋值语句、比较运算或者输出语句中涉及其他类型数据的操作，而且操作的运行时间依赖于输入规模，则这些指令的运行时间按照复杂操作所花的时间计算。例如，在 Python 程序中，将一个数值列表的副本赋值给一个变量的语句 x = aList[:]，列表的复制操作需要花

$n = \text{len(aList)}$ 个时间单位，因此，该赋值语句的运行时间计 n 个单位。关于复杂数据类型的操作运算时间见 8.2 节。

因此，一个算法的运行时间是算法在以上计算模型中从开始运行到结束所花的时间。

例 8.1 试估算算法 8.1 的时间复杂度。

算法 8.1 SUM(L)

输入: $L = [a_1, a_2, \cdots, a_n]$ 是一个数值序列，$n \geq 0$
输出: L 的累加和
1: $s \leftarrow 0$ {# s 是当前累加和}
2: **for** $i \leftarrow 1$ **to** n **do**
3:     $s \leftarrow s + a_i$
4: 输出 s

在算法 8.1 中，首先运行一次赋值语句（第 1 行），为此计 1 个时间单位；然后运行 **for** 循环（第 2、3 行），循环次数为 n，每次循环运行一个赋值语句，因此整个循环计 n 个单位；最后的输出语句（第 4 行）计 1 个单位。因此，算法总的运行时间是 $T(n) = n + 2$。

有的算法的运行时间不仅依赖于输入的规模 n，而且与输入数据的具体结构有关。在这种情况下，可以统计算法的**最坏情况时间复杂度** (worst case time complexity)，即给出算法运行时间的上界。

例 8.2 考虑求一个非空列表中最大值的算法 8.2，试估算其时间复杂度。

算法 8.2 MAX(L)

输入: $L = [a_1, a_2, \cdots, a_n]$ 是一个整数序列，$n \geq 0$
输出: L 的最大值
1: $m \leftarrow a_1$ {# m 是当前最大值}
   {# 用 m 与每个 a_i 比较，用 m 记录当前最大值}
2: **for** $i \leftarrow 2$ **to** n **do**
3:    **if** $a_i > m$ **then**
4:      $m \leftarrow a_i$
5: 输出 m

在算法 8.2 中，首先运行一次赋值语句（第 1 行），为此计 1 个单位；然后运行 **for** 循环（第 2~4 行），循环次数为 $n-1$，每次循环运行一个比较和一个赋值，比较和赋值各计 1 个单位，因此，每次循环的运算时间在条件成立的情况下是 2 个单位，而在条件不成立的情况下是 1 个单位，因为此时无须运行赋值语句；最后的输出语句（第 5 行）计 1 个单位。由此估算出算法运行时间的上界：

$$T(n) \leqslant 1 + 2(n-1) + 1 = 2n$$

因此，算法在最坏情况下需要运行 $2n$ 个时间单位，或者算法的最坏情况时间复杂度为 $2n$。

对于查找算法，因为主要操作是其中的比较运算，因此往往用比较次数作为算法的运行时间。

例 8.3 考虑执行顺序查找的算法 8.3，试估算其时间复杂度。

算法 8.3 Search(L, x)

输入： $L = [a_1, a_2, \cdots, a_n]$ 是一个整数序列，$n \geqslant 0$。x 是一个整数

输出： 如果 x 在 L 中出现，则输出"是"，否则输出"否"

  for $i \leftarrow 1$ **to** n **do**

    if $a_i = x$ **then**

      输出"是"

      算法终止（STOP）

  输出"否"

在算法 8.3 中，**for** 循环的次数不确定，因此比较次数也不确定。最好情况下 $a_1 = x$，只比较一次便结束；最坏情况下，$a_n = x$，算法需要进行 n 次比较。可见，查找失败也需要进行 n 次比较。查找成功的比较次数不仅依赖于输入的规模 n，而且与输入数据的排列顺序有关。查找成功分 n 种情况，分别对应 x 在列表的各个可能位置出现。在这种情况下，可以说算法在最坏情况下进行 n 次比较，或者算法的最坏情况时间复杂度为 $T(n) = n$。

另一方面，还可以求算法 8.3 的**平均时间复杂度**（average time complexity）。不妨假设需要查找的 x 在列表的每个位置出现是等可能的，即在每个位置出现的概率为 $\dfrac{1}{n}$，因此，整个查找的平均运行时间是这些情况下运行时间的算术平均值（或者期望值）：

$$T(n) = \sum_{i=1}^{n} \left(i \times \frac{1}{n} \right) = \frac{n \times (n+1)}{2n} = \frac{n}{2} + \frac{1}{2}$$

对算法时间复杂度进行分析时，往往估算其最坏情况时间复杂度和平均时间复杂度。算法的最坏情况时间复杂度表示它的最大可能运行时间，是算法在各种可能输入下运行时间的上界。平均时间复杂度的估算比较复杂，通常需要对各种输入的可能性作一定的假设，在此基础上估算时间复杂度的平均值。

算法的时间复杂度 $T(n)$ 可以表示为算法输入规模 n 的函数，如算法 8.1 的时间复杂度和算法 8.3 的平均时间复杂度。有时只能估算出 $T(n)$ 的上界，该上界是 n 的函数，例如算法 8.3 的最坏情况运行时间是一个上界。估算出 $T(n)$ 之后，我们关心的是 $T(n)$ 随着 n 的增长趋势或者增长模式，例如是线性的还是指数的，然后用大 O 表示法表示。例如，算法 8.1 的时间复杂度为 $T(n) = O(n)$，表示 $T(n)$ 的增长不会超过 n 的某个常数倍。8.1.2 节给出大 O 表示法的定义。

8.1.2 大 O 表示法

定义 8.1 设 $f(n)$ 和 $g(n)$ 是自然数 n 的两个非负函数。如果存在某个常数 C 和 N，当 $n \geqslant N$ 时，总有 $f(n) \leqslant Cg(n)$，则记作 $f(n) = O(g(n))$，读作"$f(n)$ 是大欧 $g(n)$"。

例如，对于算法 8.1，令 $C = 2, N = 2$，当 $n \geqslant N$ 时，

$$T(n) = n + 2 \leqslant 2n$$

因此，$T(n) = O(n)$。

当一个算法的时间复杂度 $T(n)$ 估算出来后，便可以用 $T(n) = O(f(n))$ 的形式表示，其中 $f(n)$ 取尽可能简单的 n 的函数。常见的复杂度表示有 $O(n)$、$O(\log n)$、$O(n \log n)$ 和 $O(n^2)$ 等。

再如，对于算法 8.3，令 $C = 1, N = 1$，当 $n \geqslant N$ 时，

$$T(n) \leqslant n$$

因此，算法 8.3 的最坏情况时间复杂度为 $T(n) = O(n)$。

另外，对于算法 8.3 的平均时间复杂度，令 $C = 2, N = 1$，当 $n \geqslant N$ 时，

$$T(n) = \frac{n}{2} + \frac{1}{2} \leqslant n + n = 2n$$

因此，算法 8.3 的平均时间复杂度为 $T(n) = O(n)$。

将复杂度 $T(n)$ 表示为大 O 记号的方法如下：

（1）估算 $T(n)$ 或者其上界 $f(n)$，即 $T(n) = f(n)$ 或者 $T(n) \leqslant f(n)$。

（2）将 $f(n)$ 写成一些 n 的简单函数的和。

（3）取出增长最快的一个加项，然后去掉常数，设为 $h(n)$，然后将其作为大 O 表示：$T(n) = O(h(n))$。

例如：

$$T(n) \leqslant \frac{n \times (n+1)}{2} = \leqslant \frac{n^2}{2} + \frac{n}{2}$$

其中增长最快的一项是 $\frac{n^2}{2}$，去掉常数后为 n^2，因此 $T(n) = O(n^2)$。

大 O 表示给出算法时间复杂度的（最好）上界，它表示算法的最大运行时间。类似地，可以定义算法运行时间的下界，它表示算法的最小运行时间。

定义 8.2 设 $f(n)$ 和 $g(n)$ 是自然数 n 的两个非负函数。如果存在某个常数 C 和 N，当 $n \geqslant N$ 时，总有 $f(n) \geqslant Cg(n)$，则记作 $f(n) = \Omega(g(n))$，读作"$f(n)$ 是大欧米伽 $g(n)$"。

例如，在算法 8.2 的循环中，条件成立时，循环体计 2 个单位运行时间；条件不成立时，循环体计 1 个单位运行时间（此时无须赋值），因此，最小运行时间是所有条件都为假时，$T(n) \geqslant 1 + (n-1) + 1 = n + 1$，因此，$T(n) = \Omega(n)$。

定义 8.3 设 $f(n)$ 和 $g(n)$ 是自然数 n 的两个非负函数。如果 $f(n) = \Omega(g(n))$ 并且 $f(n) = O(g(n))$，则记作 $f(n) = \Theta(g(n))$，读作"$f(n)$ 是大西塔 $g(n)$"。

例如，对于算法 8.2，$T(n) = O(n)$ 而且 $T(n) = \Omega(n)$，因此，$T(n) = \Theta(n)$。它表示算法 8.2 在各种情况下的运行时间都是随着 n 线性增长的。

注意，当一个算法的运行时间下界和上界不同时，则不可以用大 Θ 表示。例如，对于原地插入排序（见 8.3.3节），最好情况下只需要做 $n-1$ 次比较，不需要移动任何元素，因此 $T(n)=\Omega(n)$；而最坏情况下每次插入都需要进行若干比较和移动，由此估算出 $T(n)=O(n^2)$，因此 $T(n)$ 无法用大 Θ 表示。

8.1.3　递归算法的时间复杂度

递归算法的时间复杂度往往可以用递推式计算。

例 8.4　考虑用递归方法计算 $n!$ 的算法 8.4。

算法 8.4　$\text{fac}(n)$

输入： $n \geqslant 0$ 是一个非负整数

输出： 返回 n 的阶乘

　if $n=0$ **then**

　　return 1

　else

　　$m \leftarrow \text{fac}(n-1)$

　　return $n \times m$

用 $T(n)$ 表示 $\text{fac}(n)$ 的时间复杂度，赋值语句和输出语句为基本操作。当 $n=0$ 时，只需要直接输出结果1，因此 $T(0)=1$；当 $n>0$ 时，计算 $\text{fac}(n)$ 需要先递归调用 $\text{fac}(n-1)$，其时间复杂度为 $T(n-1)$，将递归调用结果赋值给 m 以及输出结果各记1个时间单位，那么

$$T(n)=T(n-1)+2$$

利用这个递推式，不难推算出 $T(n)=2n+1$，因此 $T(n)=O(n)$。又因为 $T(n)=\Omega(n)$，因此，也可以将时间复杂度表示为 $T(n)=\Theta(n)$。

例 8.5　考虑用递归方法求解汉诺塔问题的算法 8.5。

算法 8.5　$\text{hanoi}(n, \text{start}, \text{mid}, \text{end})$

输入： $n \geqslant 0$ 是一个非负整数

输出： 将 start 上的 n 个盘子按照规则移至 end 上

　if $n=1$ **then**

　　将 n 号盘子从 start 移动 end 上

　else

　　$\text{hanoi}(n-1, start, end, mid)$

　　将 n 号盘子从 start 移动 end 上

　　$\text{hanoi}(n-1, mid, start, end)$

将移动盘子作为基本操作，用 $T(n)$ 表示移动 n 个盘子所需的工作量，那么 $T(1)=1$。当 $n \geqslant 2$ 时，解决 n 个盘子的问题包括两个在 $n-1$ 上的递归调用以及一个移动盘子的指令，每个在 $n-1$ 上的递归调用的时间复杂度为 $T(n-1)$，因此有如下递推式：

$$T(n)=2T(n-1)+1$$

由此可以推算出

$$T(n) = 2(2T(n-2)+1)+1 = 2^2T(n-2)+2+1 = \cdots$$
$$= 2^{n-1}T(1) + \cdots + 2^2 + 2 + 1$$

由此可得 $T(n) = 2^n - 1 = O(2^n)$，或者 $T(n) = \Theta(2^n)$。

8.1.4　算法的空间复杂度

一个算法的空间复杂度指算法运行过程中所占用的空间。算法运行过程中，算法的输入需要占用空间，算法运行中变量需要占用空间。算法的**空间复杂度** (space complexity) 是算法运行过程中除输入之外需要使用的空间。

为简单起见，假定一个基本类型（数值型和布尔型）变量占用空间计 1 个空间单位，复合类型（包括列表、多元组、字符串和字典）变量的规模不依赖于输入规模时也计 1 个空间单位。由此可以计算出一个算法运行过程中需要的空间量，它通常也是输入规模的函数，记作 $S(n)$，称为算法的空间复杂度。空间复杂度仍然用大 O 表示法表达。

例如，算法 8.1 和算法 8.2 均仅使用了一个简单变量，因此其空间复杂度为 $S(n) = O(1)$。如果一个算法的空间复杂度为 $O(1)$，则称该算法为**原地工作** (in place) 的，意指该算法基本上可以在输入占用的空间上完成工作。

从 4.4.3 节可见，递归算法运行中活动记录需要占用运行栈空间，因此，递归算法的空间复杂度则还需要考虑实现递归时活动记录占用的最大空间。当一个活动记录占用的空间不依赖于输入规模时，可以用递归嵌套的最大深度，也就是活动记录占用运行栈空间最多的时候占用的空间量作为递归算法的空间复杂度。

例如，在算法 8.4 中，活动记录占用 1 个空间单位，递归嵌套深度为 n，这里 n 是输入的规模，因此该算法的空间复杂度为 $S(n) = O(n)$。

同理，对于算法 8.5，递归嵌套深度为 $n-1$，因此其空间复杂度为 $S(n) = O(n)$。

8.2　Python 数据结构操作的时间复杂度

在评价 Python 程序时间复杂度时，需要了解程序中使用的各种数据结构操作的时间复杂度。本节列出常用数据结构操作的时间复杂度，主要参照了`https://wiki.python.org/moin/TimeComplexity`。

8.2.1　列表操作的时间复杂度

表 8.1 列出了列表操作的时间复杂度，其中 n 表示列表 aList 的长度。

列表在 Python 内部用数组表示，因此，使用方括号索引运算可以在常数时间完成。在列表最后添加或者删除元素最快捷，而在靠近列表的开始位置插入（或者删除）一个元素时，该位置及其后的所有元素都需要往后（或者往前）移动一个位置，因此这样的插入（或者删除）时间开销较大。由此可见，在构造列表时，应尽可能选择通过 append 运算在尾部添加元素。

表 8.1　列表操作的时间复杂度

运算	平均时间复杂度	例
求长度	$O(1)$	len(aList)
索引运算	$O(1)$	aList[i]
修改某个元素	$O(1)$	aList[i] = x
尾部添加元素	$O(1)$	aList.append(x)
尾部删除元素	$O(1)$	aList.pop()
插入元素	$O(n)$	aList.insert(i,x)
删除元素	$O(n)$	aList.remove(x), aList.pop(i)
检查成员	$O(n)$	x in aList
排序	$O(n \log n)$	aList.sort()
取段（切片）	$O(k)$	aList[0:k]
求最大、最小元素	$O(n)$	min(aList), max(aList)
复制列表	$O(n)$	aList.copy(), aList[0:]

例如，下面的代码段使用 insert() 计算一个列表 aList 的逆 res：

```
res = []
for x in aList:
    res.insert(0,x)
```

用 n 表示输入列表长度，for 循环中的每个插入平均时间复杂度为 $O(n)$，因此整个算法的时间复杂度为 $O(n^2)$。

下面的代码段使用 append() 计算一个列表 aList 的逆 res：

```
res = []
i = len(aList) - 1
while i >= 0:
    res.append(aList[i])
    i -= 1
```

对于使用 append() 的这段代码，while 循环体的两个操作各计 1 个时间单位，循环 $n = \text{len(aList)}$ 次，因此，这段代码的时间复杂度为

$$T(n) = 1 + 1 + 2n = O(n)$$

可见，解决同一个问题的不同算法时间复杂度可能差别很大。

注意，以上两种方法均另外使用了一个列表存储 aList 的逆，因此空间复杂度都是 $O(n)$。不难实现一种将列表原地置逆的线性算法。

8.2.2　字典操作的时间复杂度

表 8.2列出了字典操作的时间复杂度，其中 n 表示字典 d 的长度。

表 8.2　字典操作的时间复杂度

运算	平均时间复杂度	例
取得关键字的值	$O(1)$	d[k]
设置关键字对应的值	$O(1)$	d[k] = v
查找关键字	$O(1)$	k in d, d.get(k, v)
删除关键字	$O(1)$	d.pop(k, v)
遍历	$O(n)$	
拷贝字典	$O(n)$	d.copy()

例如，给定一个长度 n 的列表 aList，以下代码段构造字典 d，记录每个元素出现的次数：

```
d = dict()
for x in aList:
    if d.get(x,0) == 0:
        d[x] = 1
    else:
        d[x] += 1
```

因为 for 循环运行 n 次，每次循环运行需要 2 个时间单位，故整段代码的时间复杂度为 $T(n) = O(n)$。

8.3　Python 程序复杂度

本节以插入排序为例，分析 Python 程序的时间复杂度和空间复杂度。

8.3.1　插入排序

插入排序通过不断插入的方法实现排序。

以 $L= [2, 3, 2, 1, 4, 1]$ 为例。

（1）如果只看列表包含一个元素的前缀列表 [2]，那么这部分是有序的：[2, |3, 2, 1, 4, 1]，这里用"|"将有序的前缀列表与剩余的尾部分开。

（2）下一步可以将尾部未排序子列表的第一个元素 3 插入有序的前缀列表 [2] 中，得到列表 [2, 3, |2, 1, 4, 1]。

（3）接下来重复这个过程，将尾部未排序的第一个元素 2 插入有序的前缀列表 [2, 3] 中，由此得到 [2, 2, 3, |1, 4, 1]。

（4）继续重复这个过程，一直到将最后一个元素 1 插入已经有序的前缀列表 [1, 2, 2, 3, 4] 中，由此得到最后的排序结果 [1, 1, 2, 2, 3, 4]。

可见，要实现插入排序，重点在于实现插入函数，该函数需要指明列表中哪部分（即前缀列表）已经有序，由此可知需要将哪个元素插入到有序的前缀列表中。

在 Python 中进行插入排序时可以选择函数式实现，其特点是逻辑简单、容易实现，但是效率较低。也可以选择在输入列表上原地排序，实现稍微复杂一点，但是时间和空间性能更好。

8.3.2　函数式插入排序

在设计插入排序的实现时，可以选择返回输入列表的有序排列的副本，即不修改输入。假设插入排序函数定义如下：

```python
def insertion_sort(aList):
    """返回输入列表aList从小到大排序的有序副本，aList保持不变"""
```

输入 alist 的数据，例如：

```python
aList = [2, 3, 2, 1, 4, 1]
bList = insertion_sort(aList)
print('bList = ', bList)
print('aList = ', aList)
```

以上代码打印结果：

```
bList = [1, 1, 2, 2, 3, 4]
aList = [2, 3, 2, 1, 4, 1]
```

从 8.3.1 节的排序方法可见，实现插入排序的关键是实现插入操作，即在一个有序列表中插入一个元素，得到仍然有序的列表。为此设计一个独立的插入函数。插入函数也选择返回插入后有序列表的副本，而不改变输入。

```python
def insert(aList, i):
    """aList[0:i]从小到大有序（不包括aList[i]），
      即aList[0] <= aList[1]<= ... <= aList[i-1].
      insert(aList, i)将aList[i]插入aList[0:i]的适当位置，
      使得aList[0:i+1]从小到大有序，而且aList[i+1:]保持不变
    """
    a = aList[i]
    if a >= aList[i-1]:  # 已经有序，无须插入
        return aList[0:]
    bList = []
    j = 0
    # 将aList[0:i]中小于a的元素复制到bList中
    while (j < i and aList[j] <= a):
        bList.append(aList[j])
        j += 1
    # 将a复制到bList中
    bList.append(a)
    # 将aList[j:]中的剩余元素复制到bList中
```

```
        for k in range(j, len(aList)):
            if k != i:
                bList.append(aList[k])
    return bList
```

注意，该函数仍然返回一个满足要求的列表副本，而不改变输入列表。

首先分析函数 insert() 的复杂度。

在第一个赋值语句 a=aList[i] 中，列表的索引操作计 1 个时间单位，因此整个赋值语句可计 1 个时间单位；第二个条件语句的比较计 1 个时间单位，因为返回的列表备份 aList[0:] 需要 n 个时间单位，因此，这个条件语句不超过 $n+1$ 个时间单位；接下来两个赋值各计 1 个时间单位。对于 while 循环，其中的条件比较可计 1 个时间单位，循环体第一个操作使用 append() 运算，因此计 1 个时间单位，整个循环体计 2 个时间单位。该循环的最大次数不超过 i 次，因此，整个 while 循环不超过 $3i$ 个时间单位（包括比较）。下一个 append() 操作计 1 个时间单位。最后一个 for 循环最多循环 n 次（这里循环次数为 $n-j$，但是 $j \leqslant i$），因此，整个 for 循环的运行时间不超过 $2n$。最后 return 语句计 1 个时间单位（返回一个列表，而不是副本，因此可在常数时间内完成）。由此得到插入函数 insert() 的时间复杂度：

$$T_{\text{insert}}(n, i) \leqslant 1 + (n+1) + 1 + 1 + 3i + 1 + 2n + 1 = 3n + 3i + 6$$

在 insert() 函数的基础上，可以通过反复插入实现插入排序，代码如下：

```
def insertion_sort(aList):
    """返回输入列表aList从小到大排序的有序副本，aList保持不变"""
    n = len(aList)
    bList = []
    for i in range(1, n):
        bList = insert(aList, i)
        aList = bList
    return bList
```

在对插入排序函数 insertion_sort() 的时间复杂度进行分析时，首先注意前两个赋值语句均可以在常数时间完成。接下来的 for 循环的第一个语句首先完成 insert() 函数的调用，再进行赋值，时间复杂度为 $T_{\text{insert}}(n, i) + 1$，不超过 $3n + 3i + 6 + 1$，第二个列表赋值仍然可以在常数时间完成，计 1 个时间单位，因此循环体时间复杂度不超过 $3n + 3i + 6 + 1 + 1$。最后 return 语句也可计 1 个时间单位。由此得到插入排序 insertion_sort() 的时间复杂度：

$$T(n) \leqslant 1 + 1 + \sum_{i=1}^{n-1}(3n + 3i + 6 + 1 + 1) + 1$$

$$= \sum_{i=1}^{n-1} 3n + \sum_{i=1}^{n-1} 3i + \sum_{i=1}^{n-1} 8 + 3$$

$$= \frac{9}{2}n^2 + \frac{7}{2}n - 5$$

$$T(n) = O(n^2)$$

注意，这个函数式插入排序的空间复杂度比较高。因为在函数 insert() 中，每次需要使用 bList 复制插入后的整个列表，其占用的空间与输入 aList 的空间一样，也就是说它的空间复杂度是 $O(n)$。因此，调用插入函数 $n-1$ 次，插入排序的空间复杂度可以达到 $O(n^2)$。下面给出在输入列表上原地进行的插入排序。

8.3.3 原地插入排序

要实现原地插入排序，首先需要实现原地插入函数 insert_inplace()。

```
def insert_inplace(aList, i):
    """aList[0:i]从小到大有序（不包括aList[i]），
       即aList[0] <= aList[1]<= ... <= aList[i-1].
       insert(aList, i)将aList[i]插入aList[0:i]的适当位置，
       使得aList[0:i+1]从小到大有序，而且aList[i+1:]保持不变
    """
    j = i-1
    x = aList[i]
    # 在有序前缀列表中从后往前寻找x的插入位置
    while (j >= 0 and x < aList[j]):
        #插入元素x小于aList[j]，该元素右移一个位置
        aList[j+1] = aList[j]
        j -= 1
    aList[j+1] = x          # x的最终位置
```

注意，以上程序只使用了一个额外的简单变量 x，因此其空间复杂度为 $O(1)$，是一个原地工作算法。例如：

```
aList = [2, 3, 2, 1, 4, 1]
for i in range(1, len(aList)):
    insert_inplace(aList,i)
    print('abList = ', aList)
```

以上代码打印结果如下：

```
abList =  [2, 3, 2, 1, 4, 1]
abList =  [2, 2, 3, 1, 4, 1]
abList =  [1, 2, 2, 3, 4, 1]
abList =  [1, 2, 2, 3, 4, 1]
abList =  [1, 1, 2, 2, 3, 4]
```

在此基础上可以实现原地插入排序函数 insert_sort_inplace()：

插入排序的
时间复杂度

```
def insertion_sort_inplace(aList):
    """将输入列表aList从小到大原地排序"""
    for i in range(1,len(aList)):
        insert_inplace(aList, i)
```

注意，这个排序是通过一系列原地插入完成的，因此是原地工作算法。

要分析原地插入排序的时间复杂度，关键仍然在于分析插入的时间复杂度。插入函数中前两个赋值计 2 个时间单位。while 循环条件计 1 个时间单位，循环体计 2 个时间单位，循环次数不超过 i 次，因此循环的总运行时间不超过 $3i+3$。由此得到原地插入排序函数 insertion_sort_inplace() 的时间复杂度：

$$T(n) \leqslant \sum_{i=1}^{n-1}(3i+3)$$
$$= \sum_{i=1}^{n-1}3i + \sum_{i=1}^{n-1}3$$
$$= \frac{3}{2}n^2 + \frac{3}{2}n - 3$$
$$T(n) = O(n^2)$$

另外，当 insert_sort_inplace() 中 while 循环的条件 x<aList[j] 不成立时，整个 while 循环不会执行，因此，该函数的时间复杂度为 $O(1)$。由此可见，在最好情况下，当输入有序时，排序函数仅需要进行 $n-1$ 次比较，insertion_sort_inplace() 的时间复杂度下界为 $\Omega(n)$。

综上所述，原地插入排序的时间性能和空间性能均优于函数式插入排序。

习题

8.1 分析下列函数的最坏情况时间复杂度：

```
def isPrime(n):
  factor = 2
  is_prime = True
  while (factor < n):
      if (n % factor == 0):
          is_prime = False
          break
      else:
          factor += 1
  return is_prime
```

8.2 定义一个原地实现将列表置逆的函数：

```
def reverse(aList):
    """将列表aList原地置逆"""
```

要求函数的运行时间是 $O(n)$。请说明你定义的函数满足时间复杂度要求。

8.3 下面的函数给出了二分查找的迭代实现：

```
def binsearch(aList, low, high, x):
    while low <= high:
        mid = (low+high)//2
        if x == aList[mid]:
            return True
        elif x < aList[mid]:
            high = mid - 1
        else:
            low = mid + 1
    return False
```

试分析 binsearch(aList, 0, n-1, x) 的时间复杂度，其中 n 为列表 aList 的长度。

8.4 下面的函数给出了二分查找的递归实现：

```
def binsearch_rec(aList, low, high, x):
    if high < low:
        return False
    else:
        mid = (low+high)//2
        if x == aList[mid]:
            return True
        elif x < aList[mid]:
            return binsearch_rec(aList, low, mid-1, x)
        else:
            return binsearch_rec(aList, mid+1, high, x)
```

试分析 binsearch_rec(aList, 0, n-1, x) 的时间复杂度，其中 n 为列表 aList 的长度。

8.5 分析下面的冒泡排序算法的时间复杂度和空间复杂度：

```
def bubble_sort(aList):
    """将aList从小到大排序"""
    for i in range(len(aList)):
        for j in range(i+1,len(aList)):
            if aList[i] > aList[j]:
                aList[i], aList[j] = aList[j],aList[i]
```

常用数据处理包

Python 程序设计语言的一个优势是存在大量第三方包。本章介绍几个常用的数据处理包，包括 NumPy、Pyplot 和 Pandas。

9.1 包的安装和使用

9.1.1 什么是包

一个 Python 包 (package) 是由一些 Python 模块组成的文件结构。这些模块构成了解决某类问题的工具。例如，NumPy 是提供高效数组运算功能的包，turtle 是提供简单图形程序设计功能的包。本书写作时 Python 有超过 74 000 个第三方包，参见 PyPI(`https://pypi.python.org/pypi`)。

包与模块的区别如下：包是组织模块的机制，它是一种特殊的模块，即可以包含子模块的模块。但是，并非所有的模块都是包。作为一个包的模块必须包含 `__path__` 属性[①]。

9.1.2 包的安装

使用工具 pip 安装 Python 包的步骤如下：

（1）下载安装工具，地址为`http://pip.readthedocs.org/en/stable/installing/#installing-with-get-pip-py`。

（2）安装 pip，命令为

python3 get-pip.py

（3）安装包，命令格式为

pip3 install 包名

（4）包的导入和使用。使用包时需要 import，例如：

```
import numpy
# 构建一个数组
x = numpy.array([1,2,3,4])
```

---

① `https://docs.python.org/3/glossary.html#term-package`。

注意：在有的 Windows 系统中，命令 pip3 可能在某个没有添加到环境变量 PATH 中的目录下，如C:\Users\John\AppData\Local\Programs\Python\Python35 -32\Scripts。可以先转到该目录，然后运行安装程序。

9.2 NumPy

NumPy 表示 Numeric Python，该工具包提供高效数组运算，是许多科学计算的基础。

9.2.1 安装和导入

在命令行窗口运行以下命令安装 NumPy 包：

```
> pip3 install numpy
```

导入 NumPy 后，可以用 Python 列表或者多元组构造数组：

```
>>>import numpy as np
>>>heights = [1.70, 1.65, 1.56, 1.89, 2.10]
>>>np_heights = np.array(heights)
```

【注意】 当 import 模块名较长时，通常用 as 给出一个短别名，之后便可以用较短模块别名存取模块的方法。例如：

```
>>> import math as m
>>> m.sqrt(2)
1.4142135623730951
```

9.2.2 数组的运算

两个数组的运算是对应元素的运算：

```
>>>weights = [60.2, 65.3, 76.5, 80.3, 89.8]
>>>np_weights = np.array(weights)
>>>np_bmi =  np_weights / np_heights ** 2
>>>np_bmi
array([20.83044983, 23.98530762, 31.43491124, 22.4797738, 20.36281179])
```

注意，两个列表不可以进行对应元素间的运算。例如，下列表达式会引发类型错误：

```
>>>weights / heights ** 2
Traceback (most recent call last):
  File "<stdin>", line 1, in <module>
TypeError: unsupported operand type(s) for ** or pow():
                                'list' and 'int'
```

一维数组可以用索引运算 [ ] 存取对应元素，也可以遍历数组的所有元素。例如：

```
>>> for i in range(len(np_weights)):
...     print(np_weights[i])
...
60.2
65.3
76.5
80.3
89.8
```

或者

```
>>> for x in np_weights:
...     print(x)
...
60.2
65.3
76.5
80.3
89.8
```

数组与列表的主要区别如下：

（1）数组的元素具有相同的类型，而列表则不然。

（2）数组运算效率高于列表运算。

9.2.3　二维 NumPy 数组

可以用构造函数 array() 构建二维数组。例如，将列表的列表转换为二维数组：

```
>>> np_2d = np.array([[1.70, 1.65, 1.56, 1.89, 2.10],
                      [60.2, 65.3, 76.5, 80.3, 89.8]])
>>> np_2d
array([[  1.7 ,   1.65,   1.56,   1.89,   2.1 ],
       [ 60.2 ,  65.3 ,  76.5 ,  80.3 ,  89.8 ]])
```

设想二维数组也是一个一维数组，其中每个元素是各行构成的一维数组，因此可以用索引运算存取各行元素：

```
>>> np_2d[0]
array([ 1.7 ,  1.65,  1.56,  1.89,  2.1 ])
```

进一步用索引运算存取第一行第一列元素：

```
>>> np_2d[0][0]
1.7
>>> np_2d[0,0]
1.7
```

一般地，在索引运算符 [ ] 中用逗号分隔的索引分别指定二维数组的行和列，由此得到另一个子二维数组。例如，存取第一列元素：

```
>>> np_2d[:,0]
array([  1.7,  60.2])
```

其中，np_2d[:,0]中的冒号表示所有行，逗号后的 0 表示第一列。

下列索引指定了第二列和第三列构成的子数组：

```
>>> np_2d[:,1:3]
array([[  1.65,   1.56],
       [ 65.3 ,  76.5 ]])
```

那么下列表达式表示什么呢？

```
>>>np_2d[1,:]
```

它表达了第二行的所有列元素：

```
>>> np_2d[1,:]
array([ 60.2,  65.3,  76.5,  80.3,  89.8])
```

9.2.4　解线性方程组

NumPy 提供了许多常见的数组运算，包括线性代数中常用的矩阵运算、求矩阵特征根和解方程组等。例如，对于下列线性方程组：

$$x + y + z = 6$$

$$2y + 5z = -4$$

$$2x + 5y - z = 27$$

将系数矩阵和等号右侧的值向量分别用数组表示，然后使用线性代数模块 linalg 的解方程组函数 solve() 解方程：

```
import numpy as np
# 系数矩阵
a = np.array([[1,1,1],[0,2,5],[2,5,-1]])
print(a)
y = np.array([[6],[-4],[27]])
x = np.linalg.solve(a,y)
print(x)
# 验证ax = y
print(a@x)
```

其中矩阵的乘积使用符号 @。

注意，NumPy 不同于 Python 的 array 模块，后者只表达简单类型的一维数组。更多关于 NumPy 的内容参见http://www.numpy.org/。

9.3　Pyplot

9.3.1　安装和导入

人们常用各种数据图直观地展示数据。Pyplot 包提供了大量作图工具。使用 Pyplot 需要安装 matplotlib 包，Pyplot 是 matplotlib 的子包。

在 cmd 中执行以下命令安装 matplotlib 包：

```
> pip3 install matplotlib
```

使用 Pyplot 时，在脚本中导入该包：

```
>>>import matplotlib.pyplot as plt
```

9.3.2　使用 Pyplot 作图

接下来就可以使用 Pyplot 提供的各种作图函数了。例如，用 plot() 函数作图，只需要用一个列表提供 x 坐标的一系列值，用另一个列表提供 y 坐标对应的值，就可以作出连接这些点的折线图。下面用年份作 x 坐标值，用对应世界人口作 y 坐标值，画出世界人口折线图：

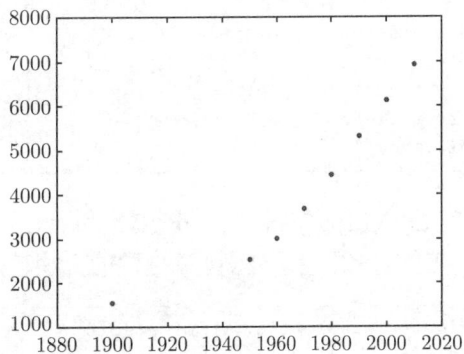

```
>>> year = [1900,1950,1960,1970,1980,1990,2000,2010]
>>> popu = [1560,2525,3018,3682,4440,5310,6127,6930]
>>> plt.plot(year, popu)
>>> plt.show()
```

下列代码用 scatter() 函数画出世界人口散点图：

```
>>> year = [1900,1950,1960,1970,1980,1990,2000,2010]
>>> popu =[1560,2525,3018,3682,4440,5310,6127,6930]
>>> plt.scatter(year, popu)
>>> plt.show()
```

以上代码的作图结果如图 9.1 所示。

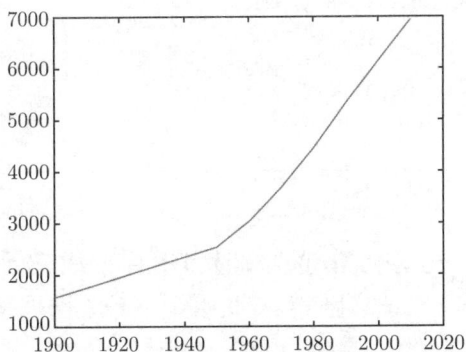

(a) 世界人口折线图　　　(b) 世界人口散点图

图 9.1　Pyplot 作图

9.3.3 添加说明信息

可以给图形添加 x 轴、y 轴和标题等信息：

```
>>> year = [1900,1950,1960,1970,1980,1990,2000,2010]
>>> popu = [1560,2525,3018,3682,4440,5310,6127,6930]
>>> plt.xlabel(' 年')
>>> plt.ylabel(' 人口（单位：百万）')
>>> plt.title(' 世界人口折线图')
>>>plt.plot(year, popu, color = 'green', linestyle='dashed',
                                          marker='o')
>>> plt.show()
```

以上代码的作图结果如图 9.2 所示。

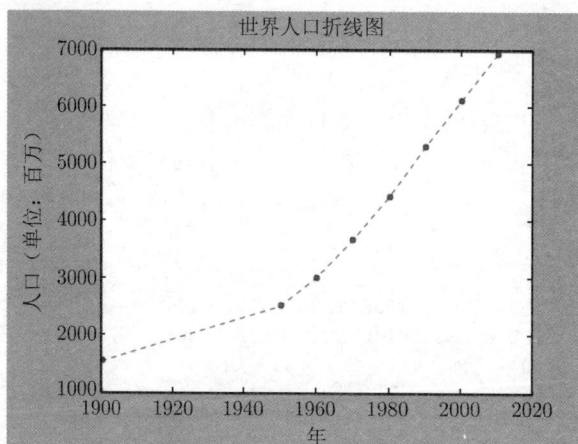

图 9.2　世界人口折线图

以上代码中还用 color 指定了折线的颜色为绿色（'green'），用 linestyle 指定折线的样式为虚线（'dashed'），用 marker 指定用圆点（'o'）标示图中的点。

可以绘制直方图。例如，给定一系列成绩，统计各分数段的人数：

```
>>points = [79, 78, 83, 75, 71, 100, 71, 85, 62, 79, 70, 85,
                      64, 63, 76, 89, 66, 70, 83, 52]
>>plt.hist(points,bins=8)
>>plt.xlabel(' 成绩')
>>plt.ylabel(' 人数')
>>plt.title(' 成绩直方图')
>>plt.show()
```

以上代码的作图结果如图 9.3 所示。

可以用 dir 查看 Pyplot 提供的方法，进一步用 help 查看具体方法的用法。例如：

```
>>>import matplotlib.pyplot as plt
>>>dir(plt)
>>>help(plt.pie)
```

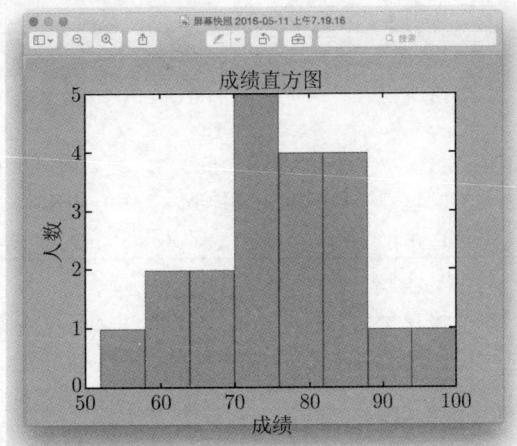

图 9.3　成绩直方图

更多 Pyplot 的内容参见http://matplotlib.org/users/pyplot_tutorial.html。

9.4　Pandas

Pandas 是构建在 Python 之上的数据分析和处理工具。它具有易于使用、功能强大和高性能等特点，是最受欢迎的数据处理工具之一。本节通过一个例子介绍 Pandas 的基本使用方法[①]。

9.4.1　安装 Pandas

执行以下命令安装 Pandas：

```
>pip3 install pandas
```

注意，如果安装不成功，尝试更新 pip，然后再安装：

```
>python -m pip install --upgrade pip
>pip3 install pandas
```

9.4.2　将数据读入 DataFrame

本节将处理的数据是表 9.1所示的金砖国家人口和面积等数据，用 csv 格式存储在文件 brics.csv 中。这个表格中除索引（index）列以外包含 4 列或者 4 个变量，分别是 country（国家）、population（人口）、area（面积）和 capital（首都），每一行都是这些变量的观察值。最左列（0 列）是各组观察值的唯一标识，为索引列。

Pandas 用**数据框** (DataFrame) 表示这种二维表格，它就像一个 Excel 表格，其中列表示变量，行表示一个观察数据。

---

① 部分资料来自微软公司课程 DAT208x，见参考文献 [6]。

表 9.1　金砖国家人口、面积和首都

index	country	population	area	capital
BR	Brazil	200	8 515 767	Brasilia
RU	Russia	144	17 098 242	Moscow
IN	India	1252	3 287 590	New Delhi
CH	China	1357	9 734 230	Beijing
SA	South Africa	55	1 221 037	Pretoria

下面用 read_csv() 方法将存储在 brics.csv 中的数据读入数据框 brics，说明 0 列是索引列，然后查看结果：

```
>>> import pandas as pd
>>> brics = pd.read_csv('path/brics.csv', index_col = 0)
>>> brics
          country  population       area    capital
BR         Brazil         200    8515767   Brasilia
RU         Russia         144   17098242     Moscow
IN          India        1252    3287590  New Delhi
CH          China        1357    9734230    Beijing
SA   South Africa          55    1221037   Pretoria
```

其中 index_col = 0 说明用第一列作为索引，即字符串 BR 和 RU 等为索引值。

数据 brics 的类型是 DataFrame（数据框），可以看作一个二维表格，就像一个二维数组。两者的区别在于：

（1）二维数组元素具有相同的类型，但数据框中不同的列可能具有不同的类型。

（2）二维数组行列索引均为自然数，而数据框的行列索引通常是字符串。例如，下面分别显示 brics 的行索引和列索引值：

```
>>> brics.index
Index(['BR', 'RU', 'IN', 'CH', 'SA'], dtype='object')
>>> brics.columns
Index(['country', 'population', 'area', 'capital'],
                                dtype='object')
```

9.4.3　存取数据框的行和列

数据框的存取基本方法是 loc[ ]。可以像二维数组一样，用数据框的行列索引值存取数据。

1. 用索引值存取行

通过在 loc[ ] 中给出行索引值存取相应的行。例如：

```
>>> china = brics.loc['CH']
>>> china
country        China
population      1357
```

```
area             9596961
capital          Beijing
Name: CH, dtype: object
```

进一步通过列索引值存取相应元素。例如，获取 CH 行 area 列对应的值：

```
>>> brics.loc['CH']['area']
9596961
```

也可以给 loc[ ] 提供多个行索引值列表，获取相应行。例如：

```
>>> brics.loc[['CH','BR']]
   country  population       area   capital
CH   China        1357    9596961   Beijing
BR  Brazil         200    8515767  Brasilia
```

可以用索引范围存取多行。例如：

```
>>> brics.loc['BR':'CH']
   country  population        area    capital
BR  Brazil         200     8515767   Brasilia
RU  Russia         144    17098242     Moscow
IN   India        1252     3287590  New Delhi
CH   China        1357     9596961    Beijing
```

注意，不同于二维数组的是，这里的结果包含 CH 对应的行。

可以用逗号分隔的行索引范围和列索引范围存取多行多列。例如：

```
>>> brics.loc['BR':'CH','country':'area']
   country  population        area
BR  Brazil         200     8515767
RU  Russia         144    17098242
IN   India        1252     3287590
CH   China        1357     9596961
```

2. 用行号存取某行

如果需要用行列位置存取数据，则使用方法 iloc[ ]，用自然数表示行列位置。例如，用索引号查看指定行：

```
>>> brics.iloc[3]
country          China
population        1357
area             9596961
capital          Beijing
Name: CH, dtype: object
```

用行位置列表或者范围存取多行。例如：

```
>>> brics.iloc[[0,3]]
   country  population     area   capital
BR  Brazil         200  8515767  Brasilia
CH   China        1357  9596961   Beijing
>>> brics.iloc[0:4]
   country  population      area    capital
BR  Brazil         200   8515767   Brasilia
RU  Russia         144  17098242    Moscow
IN   India        1252   3287590  New Delhi
CH   China        1357   9596961    Beijing
```

可以用逗号分隔的行列位置范围存取多行多列。例如：

```
>>> brics.iloc[0:4, 0:3]
   country  population      area
BR  Brazil         200   8515767
RU  Russia         144  17098242
IN   India        1252   3287590
CH   China        1357   9596961
```

可以使用 head() 和 tail() 查看数据框的开始部分记录和尾部记录。例如：

```
>>> brics.head(3)
   country  population      area    capital
BR  Brazil         200   8515767   Brasilia
RU  Russia         144  17098242    Moscow
IN   India        1252   3287590  New Delhi

>>> brics.tail(3)
        country  population     area    capital
IN        India        1252  3287590  New Delhi
CH        China        1357  9596961    Beijing
SA  South Africa         55  1221037   Pretoria
```

3. 用列名存取相应列数据

存取数据框的列使用方括号表示的索引方法，例如，取得列索引为'country'的列：

```
>>> country = brics['country'] # 或者 country = brics.country
>>> country
BR         Brazil
RU         Russia
IN          India
CH          China
SA   South Africa
Name: country, dtype: object
```

如需读取多列，可以使用列索引构成的列表，如

```
>>> brics[['country','capital']]
        country    capital
```

```
BR          Brazil    Brasilia
RU          Russia      Moscow
IN           India   New Delhi
CH           China     Beijing
SA    South Africa    Pretoria
```

4. 在数据框中循环

可以通过数据框的索引表 brics.index 遍历数据框：

```
>>> for i in brics.index:
...     print(brics.loc[i].country)
...
Brazil
Russia
India
China
South Africa
```

9.4.4　在数据框中添加数据

1. 在数据框中添加一列

在数据框中添加一列，例如人口密度：

```
>>> brics['density']=brics['population']*1000000/brics['area']
>>> brics
          country  population       area    capital     density
BR          Brazil         200    8515767   Brasilia   23.485847
RU          Russia         144   17098242     Moscow    8.421918
IN           India        1252    3287590  New Delhi  380.826076
CH           China        1357    9596961    Beijing  141.398928
SA    South Africa          55    1221037   Pretoria   45.043680
```

2. 在数据框中添加一行

例如，添加一行 Total（合计），其 population 和 area 列的值为该列 5 个国家的数值之和，其他列不设置数据。先建立一个字典式的数据，说明数据框中各变量的取值，例如：

```
>>> d = {'area':sum(brics['area']),
        'population':sum(brics['population'])}
```

然后构造一个新的单行数据框,用 d 作为数据,以 Total 作为索引值,然后使用 append() 函数将其添加到数据框中：

```
>>> df = pd.DataFrame(data=d,index=['Total'])
>>> brics1 = brics.append(df)
>>> brics1
          country  population       area    capital     density
```

```
BR         Brazil       200    8515767    Brasilia    23.485847
RU         Russia       144   17098242      Moscow     8.421918
IN          India      1252    3287590   New Delhi   380.826076
CH          China      1357    9596961     Beijing   141.398928
SA    South Africa       55    1221037    Pretoria    45.043680
Total          NaN      3008   39719597         NaN          NaN
```

在新的数据框中出现了一个特殊值 NaN（Not a Number），它表示缺失的值。注意，append() 函数返回添加新数据的数据框。

9.4.5 将数据框输出到文件

使用 DataFrame 的 to_csv 方法将数据框写入一个 csv 文件，然后可以用 Excel 查看输出文件。例如：

```
>>> brics1.to_csv('brics1.csv')
>>> brics2 = pd.read_csv('brics1.csv', index_col = 0)
>>> brics2
           country  population       area     capital     density
BR          Brazil         200    8515767    Brasilia    23.485847
RU          Russia         144   17098242      Moscow     8.421918
IN           India        1252    3287590   New Delhi   380.826076
CH           China        1357    9596961     Beijing   141.398928
SA    South Africa          55    1221037    Pretoria    45.043680
Total          NaN        3008   39719597         NaN          NaN
```

Pandas 提供了 read_excel() 方法，用于读取 xlsx 格式的表格。可以通过 dir(pd) 查看数据框对象的方法，通过 help() 查看方法细节，如 help(pd.read_excel)。同样，可以通过 dir(pd.DataFrame) 查看数据框的方法，并用 help() 查看方法的细节，如 help(pd.DataFrame.to_excel)。更多有关 Pandas 的资料请参看参考文献 [14]。

Python常用参考网页

对于初学 Python 程序设计的读者，建议阅读 Python 官网提供的 Python 初级教程（Tutorial），并需要经常参考库函数说明（Library Reference）。

1. Python 初级教程

Python 初级教程主要内容包括：

（1）如何使用 Python 解释器。

（2）Python 入门。

（3）Python 程序控制结构，包括条件、循环、range() 函数、函数定义等。

（4）数据结构，包括列表、多元组、集合和字典等。

（5）模块的定义和使用。

（6）输入和输出格式化，读写文件。

（7）错误和异常机制。

（8）标准库简介。

更多内容参见https://docs.python.org/3/tutorial/index.html。

2. Python 库函数

Python 库函数主要内容包括：

（1）常用内置函数，包括 abs()、min()、max()、len()、round()、sum() 和 map() 等。

（2）内置类型，包括 int、float、complex、list、tuple、str 和 dict 等。

（3）数值和数学模块，包括 math 和 random 等。

（4）其他模块，如 turtle、os、json 等。

更多内容参见https://docs.python.org/3/library/index.html。

Python代码规范

Python 官网推荐的 Python 代码规范（Style Guide for Python Code）参见 https://www.python.org/dev/peps/pep-0008/。

Python 代码规范原则是增加**可读性**和保持**一致性**。

Python 代码规范主要内容包括命名规范、代码布局、表达式中的空格、注释等。

B.1 命名

命名规范如下：
- 原则上使用描述性名称，格式要一致。
- 模块名使用小写字母，不带下画线。
- 类名使用大写字母开头的驼峰式命名法。
- 函数和变量名使用小写字母，单词间以下画线分隔。

B.2 代码布局

代码布局规范如下：
- 不同层次缩进使用 4 个空格。
- 一行代码不超过 72 个字符。
- 如果表达式太长，转行要以使得表达式整洁易读为原则。
- 每个 import 语句只导入一个模块。

B.3 表达式和语句中的空格

关于表达式和语句中的空格的规范如下：
- 左括号前不留空格。例如：

  推荐：`spam(1) dct['key'] = lst[index]`

  不推荐：`spam (1) dct ['key'] = lst [index]`

- 括号内部不留空格。例如：

推荐：　spam(ham[1], eggs: 2)

不推荐：　spam(ham[1], eggs: 2)

- 逗号、分号和冒号前不留空格。例如：

推荐：　print(x, y)

不推荐：　print(x , y)

推荐：　x, y = y, x

不推荐：　x , y = y , x

推荐：　if x == 4:

不推荐：　if x == 4 :

- 二元运算符两边各留一个空格；当一个表达式中有多种运算符出现时，高优先级运算比低优先级运算更紧凑，即高优先级运算符两边不留空格。例如：

推荐：　i = i + 1

　　　　x = x*2 - 1

　　　　c = (a+b) * (a-b)

不推荐：　i=i+1

　　　　　x = x * 2 - 1

　　　　　c = (a + b) * (a - b)

B.4　注释

注释规范如下：

- 保持注释与代码的一致性。
- 注释使用完整的语句，在注释符（#）后留一个空格。
- 写在语句后的内部注释应该与语句至少间隔两个空格。
- 为所有公有模块、函数和类编写文档串。
- 多行文本串结尾的三引号 (""") 应该单独占一行，与开始的三引号对齐。

REFERENCES

参考文献

[1] Python. https://www.python.org.

[2] Liang Y D. Python 语言程序设计 [M]. 北京：机械工业出版社，2013.

[3] 保罗·格里斯，詹妮弗·坎贝尔，杰森·蒙特霍. Python 3.6 编程实践指南 [M]. 乔海燕，曾烈康，王烁程, 等译. 北京：机械工业出版社，2019.

[4] Wikipedia. Python Programming Language. https://en.wikipedia.org/wiki/Python_(programming_language).

[5] Python Libray. https://docs.python.org/3/library/.

[6] Microsoft. DAT208x: Introduction to Python for Data Science. https://courses.edx.org/courses/course-v1:Microsoft+DAT208x+1T2016/info.

[7] MIT. MITx: 6.00.1x Introduction to Computer Science and Programming Using Python. https://courses.edx.org/courses/course-v1:MITx+6.00.1x_8+1T2016/info.

[8] UTA. UTAx: CSE1309x Introduction to Programming Using Python. https://courses.edx.org/courses/course-v1:UTAx+CSE1309x+2016T1/info.

[9] Python Software Foundation. Turtle Graphics for Tk. https://docs.python.org/3/library/turtle.html.

[10] Python Software Foundation. The Python Standard Library. https://docs.python.org/3/library/index.html.

[11] Liang Y D.《Python 语言程序设计》在线练习网站. http://www.cs.armstrong.edu/liang/py/test.html.

[12] Liang Y D. 《Python 语言程序设计》部分算法演示程序：http://cs.armstrong.edu/liang/animation/animation.html.

[13] Pandas: Data Handling and Analysis in Python. http://byumcl.bitbucket.org/bootcamp2014/labs/pandas_lab.html.

[14] Pandas: Powerful Python Data Analysis Toolkit. http://pandas.pydata.org.

[15] Pandas Tutorial. http://pandas.pydata.org/pandas-docs/stable/tutorials.html.

[16] Downey A B. 像计算机科学家一样思考 Python[M]. 北京：机械工业出版社，2013.